1

FERTILIZANTES NITROGENADOS Y PLAGUICIDAS AGROQUÍMICOS

Volumen 1

Ing. Fernando Alcázar Hernández

FERTILIZANTES NITROGENADOS Y PLAGUICIDAS AGROQUÍMICOS

Volumen 1

Fertilizantes Nitrogenados y Plaguicidas Agroquímicos.
Manual práctico para fabricar fertilizantes a nivel industrial.

Volumen 1

Derechos reservados

2018, Fernando Alcázar Hernández

Primera edición: 2018

Prólogo

En un mundo sin fertilizantes, el rendimiento de los cultivos se reduciría a la mitad. El desafío que enfrenta la agricultura es inmenso: acabar con el hambre, duplicar la producción de alimentos y reducir el impacto ambiental. La Organización de las Naciones Unidas estima que la población mundial aumentará de la población actual de 7 mil millones a 9 mil millones en 2050. Este aumento, unido al de la prosperidad mundial, significa una creciente demanda por carnes y granos utilizados para alimentar cerdos y aves criados para la alimentación.

Para que tantos seres humanos puedan prosperar en nuestro planeta, los productores agrícolas alrededor del mundo tienen que producir más alimentos, combustibles y fibras. Y para lograrlos, necesitan de los fertilizantes. La misión de un fabricante de fertilizantes consiste en ayudar a su comunidad y al mundo a obtener los alimentos que necesita producir y distribuir productos de nutrición de cultivos más innovadores de la más alta calidad, de ese modo ayudan a los productores agrícolas a enfrentar este desafío.

Sin embargo, en algunos círculos existe lo que parece ser un consenso establecido e incuestionable de que la agricultura moderna es responsable de muchos de los males de nuestra sociedad. Las polémicas por causa del uso de fertilizantes surgen solo cuando se habla de fertilizantes producidos industrialmente. Para comprender de dónde puede venir esta aparente oposición entre el medio ambiente y los llamados fertilizantes "químicos", habrá que hacer un repaso a la historia de los fertilizantes a través de las distintas épocas de la humanidad.

Breve historia del uso de fertilizantes

El uso de fertilizantes es muy antiguo, y probablemente data del comienzo mismo de la agricultura y la cría de animales. El hombre observó que las plantas que crecen en estiércol fresco estaban creciendo más rápido que otras, y se sirvió de diversos abonos (incluyendo los de los humanos) para recoger más. Esta es toda la historia de la humanidad: Los diversos abonos y estiércol han sido los únicos fertilizantes utilizados durante siglos o milenios.

El desecho de plantas también se ha usado. La razón principal, para el aumento de la población en la Edad Media fué el uso de humus y el cultivo de cenizas obtenido por la limpieza masiva de los bosques. El problema es, que el suelo rico obtenido por cultivo en el suelo del bosque sólo dura hasta el agotamiento del suelo y la limpieza debe llevarse a cabo en otros lugares.

La rotación de cultivos permitió recargar las reservas del suelo mediante el ingreso de estiércol y la no explotación de la tierra por uno o más años.

El aumento de la población condujo a la demarcación de los campos y los cambios inducidos: era necesario encontrar fertilizantes, estiércol, "guano", desechos vegetales o cenizas. Cada campesino dependía del clima, la calidad de sus semillas, su trabajo, su tierra, pero también su capacidad para enriquecer el suelo.

Fue entonces, a mediados del siglo XIX, que aparecieron los primeros llamados "fertilizantes químicos".

Estos fertilizantes se unieron luego a principios del siglo XX mediante productos sintéticos, lo que permitió obtener por procesos industriales lo que la tierra no puede dar fácilmente.

ING. FERNANDO ALCÁZAR HERNÁNDEZ

Esta breve historia nos muestra que querer comer mejor produciendo más no es una búsqueda reciente, es la esencia misma de la agricultura y depende mucho del uso de fertilizantes naturales o producidos industrialmente.

Esta pequeña historia muestra que los fertilizantes (naturales o químicos) tuvieron una muy buena reputación hasta principios de siglo, y poco a poco se convirtieron en un objetivo de los amantes del medio ambiente.

¿Entonces cuál es el problema?

Primero, ¿por qué solo los fertilizantes industriales serían problemáticos?

Digamos primero que los fertilizantes no son más químicos que sus componentes, que se encuentran en el estiércol o de otro modo. El nitrógeno en forma de nitrato y amoníaco está muy presente en el estiércol de los animales.

Las únicas diferencias son la proporción entre el nitrógeno amoniacal o nítrico del estiércol y el nitrógeno de los fertilizantes químicos, la solubilidad de estos elementos que estos últimos aportan la facilidad de su uso.

Cuando solo existía estiércol, guano o cenizas y extractos de huesos, estos alimentos eran valiosos y muy buscados, por lo tanto, compartidos.

Pero con el advenimiento de los fertilizantes obtenidos industrialmente, también comenzó una propaganda que niega la necesidad de los fertilizantes inorgánicos o químicos y aboga por "lo natural" u orgánico.

Es más que irónico, que la lista de organizaciones que se oponen activamente a la ciencia agrícola moderna, sean en gran parte las que no apoyan a los pobres, para obtener la comida que necesitan ni contribuyen de alguna manera a la producción de la comida en general.

Aquellos a quienes atacan con mayor frecuencia, son a quienes están trabajando constantemente para continuar la lucha contra el hambre y la desnutrición. Por alguna razón inexplicable, gran parte de los medios de comunicación y el público le dan credibilidad a las organizaciones ideológicas, cuyas funciones principales parecen interrumpir el trabajo de aquellos que buscan resolver problemas.

Lo que estamos tratando de demostrar, es que hay una multitud de tendencias muy favorables en el mundo, desde la disminución de la mortalidad infantil y materna, hasta los aumentos en el suministro de alimentos, la disminución del hambre y la desnutrición. Estas tendencias no se pueden negar ni ignorar.

Deben ser incluidas y protegidas en soluciones a los problemas que enfrentamos. En muchos aspectos, son una parte vital del camino para avanzar en nuestros problemas ambientales. Desafortunadamente, muchos activistas condenan y pretenden eliminar los medios importantes y necesarios para resolver muchos problemas.

A lo largo de la historia, nuestros mayores avances en materia de desarrollo provienen de la introducción de tecnologías seguras, comprobadas y apropiadas, para las personas más vulnerables del mundo. Así es como ayudamos a cientos de millones de personas a evitar la inanición. En la actualidad, las tensiones derivadas del cambio climático, los conflictos y la pobreza hacen que este enfoque sea más urgente que nunca.

ING. FERNANDO ALCÁZAR HERNÁNDEZ

Este manual no pretende incorporar argumentos en la polémica sobre los fertilizantes orgánicos e inorgánicos, pues su único objetivo es dar a conocer fórmulas eficaces, seguras y productivas al público en general y principalmente a quienes participan del mundo agrícola y desean aprovechar nuestros conocimientos. Sin embargo, conviene recordar que la agricultura pretende lograr una mejor nutrición para las familias de todo el mundo.

Para mi equipo FERNET- AITANE, que son mis fórmulas mejor diseñadas...

Introducción

El desafío en la agricultura es inmenso: acabar con el hambre, duplicar la producción de alimentos hasta el año 2050 y ayudar a reducir el impacto ambiental de la agricultura. Sin fertilizantes, el rendimiento de los cultivos del mundo se reduciría a la mitad.

La Organización de las Naciones Unidas (ONU) estima que la población mundial aumentará de los actuales 7 mil millones a 9 mil millones en 2050. El aumento de la prosperidad mundial significa una creciente demanda por carnes y granos utilizados para alimentar bovinos, cerdos y aves criados para alimentación. Para que tantos seres humanos puedan prosperar en nuestro planeta, los productores agrícolas alrededor del mundo tienen que producir más alimentos, combustibles y fibras; para hacerlo, necesitarán fertilizantes.

La misión de un fabricante de fertilizantes es ayudar a su comunidad y al mundo, a obtener los alimentos que necesita producir y distribuir productos de nutrición de cultivos más innovadores y de la más alta calidad, ayudando a los productores agrícolas a enfrentar este desafío.

Fertilizantes y salud del suelo.

Cuando se trata de producir alimentos en cantidad suficiente para una población en crecimiento, los suelos saludables representan un aspecto esencial, aunque muchas veces se pasan por alto. Creemos que los fertilizantes y mejoradores de suelos son vitales para suelos saludables y productivos, así ofrecer los nutrientes necesarios para el crecimiento de las plantas.

ING. FERNANDO ALCÁZAR HERNÁNDEZ

Historia de los fertilizantes en el mundo

La industria agrícola, se podría considerar como la más antigua de las industrias, y como cualquier sector, se ha ido reinventando e introduciendo avances con el paso del tiempo. Pero esto de implementar avances y nuevas técnicas de cultivo ha tenido sus dificultades porque ¿Quién quiere arriesgarse a tener una mala cosecha? Ese miedo ha hecho que siempre se recurra a "lo que funciona" y que será un sector donde es muy difícil innovar. Sin embargo, algunos de estos avances se han hecho necesarios, como, por ejemplo, la utilización de fertilizantes.

El aumento de la población, ha sido uno de los desencadenantes que ha llevado a la industria a introducir nuevos métodos y técnicas para satisfacer la creciente demanda.

Los nutrientes básicos de las plantas son el nitrógeno, el fosforo y el potasio. Según algunos estudios, el primer fertilizante químico fue creado a partir de huesos tratados con ácido sulfúrico.

Historia de los fertilizantes en México

El desarrollo de la industria de los fertilizantes en México está íntimamente ligado al desarrollo industrial del país. Las primeras plantas que producen fertilizantes sintéticos datan de los primeros años de la segunda mitad del siglo XX. En esos años México adoptó el modelo de sustitución de importaciones y se abocó a promover la industrialización como motor del desarrollo del país.

La industria de los fertilizantes, nació en México de una manera modesta con la constitución de Guanos y Fertilizantes de México, S.A.

en 1943. La iniciativa privada incursiono en este ramo al formar Fertilizantes de Monclova, S.A., Fertilizantes del Istmo, S.A. y Fertilizantes del Bajío, S.A. en 1956, 1960 y 1963 respectivamente. La empresa más importante de estas fue Fertilizantes del Istmo, la cual se formó con la participación tripartita de un grupo de inversionistas mexicanos, otro grupo eran inversionistas cubanos y el gobierno mexicano, a través de Pemex, durante el gobierno del licenciado Gustavo Díaz Ordaz, y, posteriormente, entre los años 1965-1967, las empresas pasaron a ser propiedad de Guanos y Fertilizantes de México, S.A. y luego pasó a formar la empresa para estatal Fertimex.

¿Qué son los fertilizantes?

Un fertilizante es una sustancia destinada a abastecer y suministrar los elementos químicos al suelo o al follaje para que la planta los absorba. Se trata, por tanto, de una reposición o aporte artificial de nutrientes.

Un fertilizante mineral es un producto de origen inorgánico que contiene, por lo menos, un elemento químico que la planta necesita para su ciclo vital. La característica más importante de cualquier fertilizante es que debe tener una solubilidad máxima en agua para que, de este modo, pueda disolverse en el agua de riego, ya que los nutrientes entran en forma pasiva y activa en la planta a través del flujo del agua.

Para cumplir el proceso de su vida vegetativa, las plantas tienen necesidad además del agua y del aire, de más de 12 elementos nutritivos que encuentran bajo el suelo en forma mineral y energía solar necesaria para la síntesis clorofílica.

Estos elementos químicos o nutrientes pueden clasificarse en: macro elementos y micro elementos.

ING. FERNANDO ALCÁZAR HERNÁNDEZ

Macroelementos son aquellos como: el Nitrógeno, Fosforo, Potasio, Calcio, Magnesio, azufre. Los Microelementos principales son: Hierro, Zinc, Cobre, Manganeso, Boro, Cobalto, Selenio, Silicio.

Los fertilizantes se dividen en la actualidad en orgánicos e inorgánicos.

Fertilizantes orgánicos

Los fertilizantes orgánicos son generalmente de origen animal o vegetal. Pueden ser también de síntesis: aminoácidos, urea entre otros.

Los primeros son típicamente desechos industriales, tales como desechos de matadero (sangre desecada, cuerno tostado, desechos de pescado, lodos de depuración de aguas). Son interesantes por su aporte de nitrógeno de descomposición relativamente lenta, y por su acción favorecedora de la multiplicación rápida de la microflora del suelo, pero enriquecen poco el suelo de humus estable.

Los segundos pueden ser desechos vegetales (residuos verdes), compostados o no. Su composición química depende del vegetal de que proceda y del momento de desarrollo de este. Además de sustancia orgánica contiene gran cantidad de elementos como Nitrógeno, Fósforo y Calcio, así como un alto porcentaje de oligoelementos. También puede utilizarse el purín pero su preparación adecuada es costosa. El principio de los fertilizantes retoma la práctica ancestral que consiste en enterrar las malas hierbas.

Se realiza sobre un cultivo intercalado, que es enterrado en el mismo lugar. Cuando se trata de leguminosas tales como la alfalfa o el trébol, se obtiene además un enriquecimiento del suelo en Nitrógeno asimilable, pues su sistema radicular asocia las bacterias del tipo rhizobium, capaces de fijar el nitrógeno atmosférico. Para hacer esta técnica más eficaz, se siembran las semillas con la bacteria.

Fertilizantes inorgánicos y /o minerales

Los fertilizantes inorgánicos son sustancias de origen mineral, producidas bien por la industria química, o por la explotación de yacimientos naturales (Fosfatos, Potasa).

La industria química interviene sobre todo en la producción de fertilizantes nitrogenados, que pasan por la síntesis del amoníaco a partir del nitrógeno del aire. Del amoníaco se derivan la urea y el nitrato. También interviene en la fabricación de fertilizantes complejos. Los fertilizantes compuestos pueden ser simples mezclas, a veces realizadas por los distribuidores (cooperativas o intermediarios).

Existen mucha variedad de fertilizantes que se denominan según sus componentes. El nombre de los fertilizantes minerales está normalizado, en referencia a sus tres principales componentes (NPK): se pueden clasificar según el estado físico en el que se comercializan:

Sólidos: gran número de fertilizantes NPK, ureas, etc.

Líquidos: algunos fertilizantes NPK aminoácidos, ácidos húmicos, etc.

Evolución de los fertilizantes en el mundo:

• El cultivo de plantas permitió al hombre pasar de la vida nómada a una más sedentaria.

• Desde los comienzos de la civilización: estiércol, orina, cenizas, huesos. Abonos verdes y leguminosas.

• En Roma, Pedro de Crescenzi (1233-1320), publicó un libro sobre prácticas agrícolas

• Siglo XIX: Justus Von Liebig (1803-1873) demostró que las plantas absorben los nutrientes menos abundantes en el suelo, lo que se llamó Ley del Mínimo o Ley de Liebig.

ING. FERNANDO ALCÁZAR HERNÁNDEZ

• Comienza el comercio de salitre de chile (nano3) y guano (excremento de aves marinas).

• 1914: Fritz Haber y Carl Bosch desarrollan un método de sintetizar amonio: industria de explosivos

• 1921: se produce urea a partir del amoníaco (Alemania)

• Fertilizantes: rol fundamental en la producción de alimentos

• Costo de producción fuertemente ligado al costo de materias primas y la energía (extracción y/o síntesis, logística)

• Al principio guano y salitre de chile, fosfatos Thomas (escorias básicas de la industria del acero)

• Posteriormente se importaban mezclas de fertilizantes como 15-15-15, 4-12-4 de Quimur, fosfato de amonio.

• Años 60's, llega el superfos (fd) e hiperfos (fb). Se fabrica la mezcla 15-15-15 de producción nacional.

• También se hacían mezclas a base de fosfato de amonio y urea. Surge el ST.

• Mezclas con n: 28-28-0

• Fosforitas parcialmente aciduladas

• FDA y FMA, urea, nitrato de amonio.

• Prod. especiales: matrizfertilizantes + otros componentes (arcilla, estimulantes de crecimiento).

• Quelatos.

Terminología de fertilizantes

• La palabra "fertilizante" significa toda sustancia, simple o compuesta, o una mezcla de ellas, portadora de elementos nutritivos esenciales para el desarrollo vegetal, ya sea por su aplicación al suelo o directamente a las plantas.

• El estiércol, el guano de corral, los residuos domiciliarios y otras enmiendas orgánicas quedan excluidos del régimen de contralor regulado por esta ley, pero en su venta o propaganda no podrá hacerse referencia a su valor fertilizante ni a la composición de "los mismos."

• Actualmente existe una propuesta para levantar parte de esta restricción, para aquellos fertilizantes orgánicos u orgánicos minerales que tenga una composición estable y que cumplan con ciertos parámetros de caracterización (c/n, presencia de metales pesados, test viabilidad de semillas (se prueba con lechuga por productos intermedios, además % micronutrientes, etc.)

Clasificación de fertilizantes

Según la fuente: Orgánica

                     Órgano-mineral

                     Inorgánico

Según la condición física: Líquidos

                     Suspensiones,

                     Sólidos

Según el nutriente: Nitrogenados,

                     Fosfatados,

                     Potásicos

Según la mezcla: Simple: un elemento (N.P. o K)

                Mixto: NP, NK, PK

                Complejo o completo:

                NPK

Mezclas físicas: son la combinación de dos o más fertilizantes simples con alta compatibilidad química y tamaño uniforme de granulo.

Químicas: cada gránulo presenta igual fórmula

Según estado de aplicación: granel: polvo/granulado, en bolsa 1, 5, 25, 50 kg k, en suspensión: líquidos.

A

FERTILIZANTES EDÁFICOS (SUELO).

POTASIO-CALCIO
2K + 17CaO

GENERALIDADES

Es un producto de aplicación edáfica cuya composición nos asegura una gran sinergia entre los dos cationes más importantes para el desarrollo de las plantas (Calcio y Potasio). La relación entre estos nutrientes le confiere la máxima estabilidad y mejor aprovechamiento para las plantas; por otro lado, dada su naturaleza de base orgánica, es recomendable su uso en suelos pobres o carentes en dicho aspecto, además de ser de gran utilidad en suelos con problemas de salinidad.

Para tener una mejor eficiencia biológica, el material está sinergizado con agentes quelatantes naturales u orgánicos (aminoácidos y ácidos húmicos), los cuales favorecen una rápida entrada en los tejidos vegetales, logrando así una mejor expresión del material.

BENEFICIOS

• Contiene nutrientes que favorecen la multiplicación y crecimiento celular.

• Ayuda a regular la absorción de nitrógeno.

• Actúa en el transporte de azúcares y proteínas, activas enzimas como la amilasa y la fosfolipasa.

• Participa en la economía hídrica de la planta y favorece la formación de nódulos en las leguminosas.

•El diseño químico de este material, permite al calcio permanecer por tiempo prolongado y en mayor concentración en la solución del suelo.

•Económico.

ING. FERNANDO ALCÁZAR HERNÁNDEZ

COMPOSICIÓN

INGREDIENTES	% PESO
POTASIO SOLUBLE, K2O	2.00
CALCIO, CaO	17.00
AMINOACIDOS	0.65
ACIDO HUMICO 12 %	14.00
DILUYENTES Y ACONDICIONADORES	66.35
TOTAL	100.00

APLICACIÓN

CULTIVO	DOSIS LTS /HA
HORTALIZAS : AJO, CEBOLLA, CHILE, MELÓN, PEPINO, PIMIENTO, SANDÍA, TOMATE	3-5
FRUTALES : AGUACATE, CÍTRICOS, DURAZNO, MANGO, MANZANA, PLÁTANO	5-7
GRAMÍNEAS Y FORRAJES : ALFALFA, CAÑA DE AZÚCAR, MAÍZ, SORGO, SOYA, TRIGO.	5-7

MEMORIA DE CÁLCULOS BASE 1,000 KG (1 TON)

PRODUCTO : POT-CAL	PESO ESPECIFICO = 1.40	ESTADO FISICO : LÍQUIDO
ANALISIS: 0.0-2 +17CaO+14 HA+064 AA	pH = DETERMINAR	COLOR : CAFÉ OSCURO

MATERIAS PRIMAS	CANTIDAD DE NUTRIENTES									
	N	P2O5	K2O	S	CaO	Mg	HA	KG	$/ KG	$ TOTAL
POTASIO 60 %			20					33.0		
CLORURO DE CALCIO 47 CaO					170			362.0		
ACIDO HUMICO 12 %								140.0		
AMINOACIDOS POLVO								6.4		
AGUA DE PROCESO								458.60		
TOTAL								1,000.0		

INSTRUCTIVO DE OPERACIÓN

MATERIAS PRIMAS REQUERIDAS:
- CLORURO DE CALCIO PRILLS 94 %
- CLORURO DE POTASIO 60 %
- ÁCIDO HUMICO 12 % (SUSPENSÓN)
- AMINOÁCIDOS EN POLVO
- AGUA DE PROCESO, LIBRE DE SÓLIDOS

EQUIPOS REQUERIDOS:
- REACTOR ACERO INOXIDABLE (PREFERENCIA) UNTANQUE DE POLIPROPILENO
- AGITADOR ORDEN DE ADICIÓN:
1. AGUA DE PROCESO
2. CLORURO DE POTASIO
3. CLORURO DE CALCIO
4. ACIDO HUMICO 12 %
5. AMINOACIDOS

EQUIPO DE SEGURIDAD REQUERIDO:
- GOGGLES O LENTES DESEGURIDAD
- GUANTES DE NEOPRENO
- PETO O BATA
- ZAPATOS DE SEGURIDAD

ING. FERNANDO ALCÁZAR HERNÁNDEZ

FÓSFORO 40 %
2-40-0+14 HK

GENERALIDADES

Es un producto de aplicación edáfica recomendado para aportar las necesidades de fósforo. Está enriquecido con potasio para obtener su máxima asimilación y aprovechamiento en todos los cultivos. Especial para uso en fertirriego, es de reacción ácida y brinda excelente control sobre las sales carbonatos y bicarbonatos. Tiene una mejor asimilación y menos fijación del elemento en el complejo químico del suelo en comparación con las fuentes de fósforo de tipo salino.

Para tener una mejor eficiencia biológica, el material está sinergizado con agentes quelatantes naturales u orgánicos (aminoácidos y ácidos húmicos), los cuales favorecen una rápida entrada en los tejidos vegetales, logrando así una mejor expresión del material.

BENEFICIOS

Este fertilizante aporta el fósforo necesario para promover el desarrollo radicular, floración y dar un aporte constante a los ciclos de energía del metabolismo de la planta, favorece un buen desarrollo vigoroso, es un elemento fundamental y necesario para la formación de las semillas, forma parte importante de los ácidos nucleicos y numerosas coenzimas, es el encargado del almacenamiento y transporte de energía. La ausencia de este elemento trae como consecuencia una planta atrofiada, las hojas tienden a deformarse, suelen producirse áreas necróticas en los vástagos vegetativos y a menudo se puede observar un tono violáceo-rojizo en las hojas.

COMPOSICIÓN

INGREDIENTES	% PESO
NITROGENO,TOTAL N	2.00
FOSFORO DISPONIBLE. P2O5	40.0
MAGNESIO , MgO	
HIERRO, Fe	
AUXINAS	
AMINOACIDOS	0.65
ACIDO HUMICO 12 %	14.0
DILUYENTES Y ACONDICIONADORES	
TOTAL	100.00

APLICACIÓN

CULTIVO	DOSIS LTS /HA
HORTALIZAS : AJO, CEBOLLA, CHILE, MELÓN, PEPINO, PIMIENTO, SANDÍA, TOMATE	2-3
FRUTALES : AGUACATE, CÍTRICOS, DURAZNO, MANGO, MANZANA, PLÁTANO	3-5
GRAMÍNEAS Y FORRAJES : ALFALFA, CAÑA DE AZÚCAR, MAÍZ, SORGO, SOYA, TRIGO.	5-7

MEMORIA DE CÁLCULOS BASE 1,000 KG (1 TON)

PRODUCTO : FOSFORO 40 %	PESO ESPECIFICO = 1.40	ESTADO FISICO : LIQUIDO
ANALISIS: 2-40-0+	pH = DETERMINAR	COLOR : CAFÉ OSCURO

MATERIAS PRIMAS	CANTIDAD DE NUTRIENTES									
	N	P2O5	K2O	S	CaO	Mg	HA	KG	$/ KG	$ TOTAL
UREA,46N	20							43		
ACIDO FOSFORICO 54%		400						740		
ACIDO HUMICO 12 %								140		
AMINOACIDOS POLVO								7		
DILUYENTES Y ACONDICIONADO								70		
TOTAL	20	400						1000		

ING. FERNANDO ALCÁZAR HERNÁNDEZ

INSTRUCTIVO DE OPERACIÓN

MATERIAS PRIMAS REQUERIDAS:
- UREA PRILADA O GRANULADA
- ÁCIDO FOSFORICO 54 % P2O5
- ÁCIDO HUMICO 12 % % (SUSPENSIÓN)
- AMINOÁCIDOS EN POLVO+AUXINAS
- AGUA DE PROCESO, LIBRE DE SÓLIDOS

EQUIPOS REQUERIDOS:

REACTOR ACERO INOXIDABLE (PREFERENCIA) O TANQUE DE POLIPROPILENO

AGITADOR

ORDEN DE ADICIÓN:
1. AGUA DE PROCESO
2. UREA
3. ÁCIDO FOSFÓRICO, 54 % P2O5
4. ÁCIDO HUMICO 12 %
5. AMINOÁCIDOS

EQUIPO DE SEGURIDAD REQUERIDO:
- GOGGLES O LENTES DE SEGURIDAD
- GUANTES DE NEOPRENO
- PETO O BATA
- ZAPATOS DE SEGURIDAD.

POTASIO 24 %
0-6-24 +14 HM

GENERALIDADES

Es un producto de aplicación edáfica con alta concentración del iónpotasio. Está enriquecido para su máximo aprovechamiento con el elemento fósforo, lo que le confiere la máxima asimilación y aprovechamiento por el cultivo. Para tener una mejor eficiencia biológica, el material está sinergizado con agentes quelatantes naturales u orgánicos (aminoácidos y ácidos húmicos), los cuales favorecen una rápida entrada en los tejidos vegetales, logrando así una mejor expresión del material.

BENEFICIOS

Contiene potasio, este es el principal catión que se encuentra presente en los jugos vegetales, dentro de sus funciones destacan la de aumentar la actividad fotosintética, promueve la existencia de un ph estable y óptimo, hace disminuir la transpiración y contribuye a mantener la turgencia celular, idóneo para el desarrollo y engorde de frutos. La deficiencia de potasio trae consigo una fotosíntesis reducida y un aumento en la respiración, lo cual favorece a que sean consumidas las reservas de la planta. En ausencia de este elemento los tallos serán débiles, las semillas y los frutos son pequeños. Un factor inhibidor de la asimilación de k, por el cultivo es de alta concentración de sodio en suelo.

ING. FERNANDO ALCÁZAR HERNÁNDEZ

COMPOSICIÓN

ANÁLISIS GARANTIZADO
Fósforo 6.00% PESO
Potasio 24.00% PESO

APLICACIÓN

CULTIVO DOSIS
Hortalizas Ajo, Cebolla, Chile, Melón, Pepino, Pimiento, Sandía, Tomate, Etc. 3-5 L/Ha
Frutales Aguacate, Cítricos, Durazno, Mango, Manzana, Plátano, Etc. 5-7 L/Ha

MEMORIA DE CÁLCULOS BASE 1,000 KG (1 TON)

PRODUCTO : POTASIO 24 %	PESO ESPECIFICO = 1.30	ESTADO FISICO : LIQUIDO
ANALISIS: 0-6-24	pH = DETERMINAR	COLOR : CAFÉ OSCURO

MATERIAS PRIMAS	CANTIDAD DE NUTRIENTES									
	N	P2O5	K2O	S	CaO	MgO	Fe	KG	$/ KG	$ TOTAL
ACIDO FOSFORICO 54%		60						111		
HIDROXIDO POTASIO 41.5 K2O			240					578		
ACIDO HUMICO 12 %								140		
AMINOACIDOS POLVO								7		
SULFATO DE MAGNESIO 9.81Mg						10		102		
SULFATO FERROSO, Fe 19							3	16		
DILUYENTES Y ACONDICIONADO								46		
TOTAL		60	240			10	3	1000		

INSTRUCTIVO DE OPERACIÓN

MATERIAS PRIMAS REQUERIDAS:

• HIDRÓXIDO DE POTASIO 50 %

• ÁCIDO FOSFÓRICO 54 % P2O5

• ÁCIDO HUMICO 12 % % (SUSPENSIÓN)

• AMINOÁCIDOS EN POLVO

• SULFATO DE MAGNESIO HEPTAHIDRATATADO

• SULFATO FERROSO SOLUBLE

• AGUA DE PROCESO, LIBRE DE SÓLIDOS EQUIPOS REQUERI-DOS:

• REACTOR ACERO NOXIDABLE (PREFERENCIA) O TANQUE DE POLIPROPILENO

• AGITADOR

ORDEN DE ADICIÓN:

1. AGUA DE PROCESO

2. ÁCIDO FOSFÓRICO

3. SULFATO DE MAGNESIO

4. SULFATO FERROSO SOLUBLE

5. ÁCIDO HUMICO 12 %

6. AMINOÁCIDOS

EQUIPO DE SEGURIDAD REQUERIDO:

• GOGGLES O LENTES DE SEGURIDAD

• GUANTES DE NEOPRENO

• PETO O BATA

• ZAPATOS DE SEGURIDAD.

ING. FERNANDO ALCÁZAR HERNÁNDEZ

POLISULFURO DE POTASIO 27K+24S

GENERALIDADES

Producto de aplicación edáfica, contiene elevadas concentraciones de azufre y potasio en forma de polisulfuro, ambos elementos mejoran el crecimiento, rendimiento y calidad de los cultivos. El uso de este material mejora las condiciones físicas y químicas del suelo como lo son: floculación, aireación y desplazamiento de sales.

BENEFICIOS

Favorece la formación de aminoácidos, la elaboración de proteínas y el fortalecimiento celular, promueve mayor descarga de reservas presentes en las estructuras de la planta hacia flor, fruto y semilla. Es ideal para la aplicación en suelos con problemas de compactación por exceso de sales y baja materia orgánica. Las plantas con deficiencia de azufre presentan clorosis iniciando en las hojas jóvenes, tallos rígidos y quebradizos, exceso de carbohidratos y nitratos acumulados en hojas que las Vuelve susceptibles al ataque de hongos y bacterias.

COMPOSICIÓN

INGREDIENTES	% PESO
POTASIO, K2O	27.00
AZUFRE, S	24.00

APLICACIÓN

CULTIVO	DOSIS LTS/HA
HORTALIZAS : AJO, CEBOLLA, CHILE, MELÓN, PEPINO, PIMIENTO, SANDÍA, TOMATE, ETC.	3.0
FRUTALES AGUACATE, CÍTRICOS, DURAZNO, MANZANA, PLÁTANO, ETC.	5
GRAMÍNEAS Y FORRAJES : ALFALFA, CAÑA DE AZÚCAR, MAÍZ, SORGO, SOYA, TRIGO, ETC.	7

MÉTODO PARA PREPARAR Y APLICAR ELPRODUCTO

En riego por goteo y aspersión, deberá aplicarse el material mediante el sistema de inyección que posea el equipo, esto, diluyendo el producto en contenedores para que sea distribuido al lugar objetivo; en riego por gravedad, puede prepararse la mezcla en contenedores de 200l y complementar con agua dicho contenedor, para finalmente ser aforada la solución directamente sobre el caudal de agua que estará entrando al terreno a fertilizar.

MEMORIA DE CÁLCULOS BASE 1,000 KG (1 TON)

PRODUCTO : 27K+24S	PESO ESPECIFICO = 1.48	ESTADO FISICO : LIQUIDO
ANALISIS: 0-0-27+24S	pH = DETERMINAR	COLOR : ROJO OSCURO

MATERIAS PRIMAS	CANTIDAD DE NUTRIENTES									
	N	P2O5	K2O	S	CaO	Mg	HA	KG	$/ KG	$ TOTAL
HIDROXIDO DE POTASIO 83.5 %			270					323		
AZUFRE 93				240				258		
AGUA,- DILUYENTE								419		
TOTAL								1000		

ING. FERNANDO ALCÁZAR HERNÁNDEZ

INSTRUCTIVO DE OPERACIÓN

MATERIAS PRIMAS REQUERIDAS:

• AGUA DE PROCESO, LIBRE DE SÓLIDOS

• HIDRÓXIDO DE POTASIO 100 %

• AZUFRE MICRONIZADO 93 %

EQUIPOS REQUERIDOS:

• REACTOR ACERO INOXIDABLE (PREFERENCIA) O TANQUE DE POLIPROPILENO

• AGITADOR

ORDEN DE ADICIÓN:

1. AGUA DE PROCESO

2. HIDROXIDO DE POTASIO

3. AZUFRE

EQUIPO DE SEGURIDAD REQUERIDO:

• GOGGLES O LENTES DE SEGURIDAD

• GUANTES DE NEOPRENO

• PETO O BATA

• ZAPATOS DE SEGURIDAD.

POLISULFURO DE POTASIO
30K2O-30S

GENERALIDADES

Como fungicida para el control del mycosphaerella fijiensis ejerce una acción directamente por bloqueo de la esporulación del hongo, afecta al metabolismo energético del hongo, interfiriendo en la fase reproductiva, disminuyendo la respiración y la producción de atp, también actúa fundamentalmente sobre los mildeos.

Oídio del rosal, de la vid, de las cucurbitáceas, del algodonero, de la arveja, del frijol, de la alfalfa, del tomate, del trébol, del tabaco, de las gramíneas, del lúpulo y del fresal.

Actúa también sobre las royas, entre las cuales podemos citar: roya amarilla de los cereales, roya parda del trigo roya del maíz, roya del cafeto, y sobre las sarnas o roñas de los árboles frutales, como por ejemplo sarna o roña del peral (venturia pirina), sarna o roña del manzano (venturia inaequalis.)

BENEFICIOS

Acción en los suelos y los cultivos:

• Acondicionador de suelos sódicos altos en carbonatos de calcio.

• Disminuye el ph en suelos alcalinos.

• Estabiliza los suelos bajos en materia orgánica (arenosos).

• Solubiliza otros nutrientes del suelo, promueve a tiempo la madurez de las cosechas.

• Beneficia la capa arable del suelo, incrementando la disponibilidad de agua.

• Nutrientes y aireación.

• Evita la clorosis en general.

• Incrementa el desarrollo de los frutos pobres y evita los tallos quebradizos.

• Retrasa la madurez dosis: 15-20 litros/ha.

. Acción fungicida: es un fungicida orgánico de amplio espectro.

• Totalmente soluble en agua y disponible en emulsión.

• Totalmente biodegradable que actúa por contacto directo y a distancia mediante los compuestos gaseosos que produce.

• Por sus condiciones intrínsecas tiene también una actividad acaricida e insecticida secundaria sobre ciertos insectos chupadores, incluyendo estados larvales de ciertos tipos, insectos, escamas y ácaros.

COMPOSICIÓN

POLISULFURO DE POTASIO-FUNGICIDA ORGANICO	
INGREDIENTES	% PESO
POTASIO DISPONIBLE, K2O	30.00
AZUFRE, S	30.00
DILUYENTES Y ACONDICIONADORES	40.00
TOTAL	100.00

APLICACIÓN

Se recomienda aplicar en dosis de 1.0 a 2.0 mililitros por litro de agua en cultivos bajo invernaderos y en dosis de 2.0 a 2.5 mililitros por hectárea en cultivos a campo abierto. En caso de aplicaciones aéreas para control en banano o plátano de 8-10 litros/ha., dependiendo de la enfermedad. Para un excelente control se debe aplicar en un rango de temperatura de 15 a 28 c, teniendo muy en cuenta que el suelo se encuentre a capacidad de campo. Ph: 5.0-6.0 (para aplicación).

MEMORIA DE CÁLCULOS BASE 1,000 KG (1 TON)

PRODUCTO : 30K+30S	PESO ESPECIFICO = 1.48	ESTADO FISICO : LIQUIDO
ANALISIS: 0-0-30+30S	pH = DETERMINAR	COLOR : ROJO OSCURO

MATERIAS PRIMAS	CANTIDAD DE NUTRIENTES									
	N	P2O5	K2O	S	CaO	Mg	HA	KG	$/ KG	$ TOTAL
HIDROXIDO DE POTASIO 83.5			300					359		
AZUFRE MICRONIZADO 93 %				300				322		
AGUA DE PROCESO								319		
TOTAL			300	300				1000		

INSTRUCTIVO DE OPERACIÓN

MATERIAS PRIMAS REQUERIDAS:
• AGUA DE PROCESO, LIBRE DE SÓLIDOS
• HIDRÓXIDO DE POTASIO 83.5 %
• AZUFRE MICRONIZADO 93 %

EQUIPOS REQUERIDOS:
• REACTOR ACERO INOXIDABLE (PREFERENCIA) O TANQUE DE POLIPROPILENO
• AGITADOR

ORDEN DE ADICIÓN:
1. AGUA DE PROCESO
2. HIDRÓXIDO DE POTASIO 83.5 %
3. AZUFRE 93 %

EQUIPO DE SEGURIDAD REQUERIDO:
• GOGGLES O LENTES DE SEGURIDAD
• GUANTES DE NEOPRENO
• PETO O BATA
• ZAPATOS DE SEGURIDAD.

ING. FERNANDO ALCÁZAR HERNÁNDEZ

NITRÓGENO 38.5 %

GENERALIDADES

Formulación única e inigualable, permite que todo el nitrógeno sea asimilado por la planta, lo cual no ocurre con otros productos nitrogenados. Es una solución nitrogenada fertilizante en suspensión, el cual es indispensable en las etapas de desarrollo y crecimiento de la planta, justo donde se requiere un eficiente aporte de nitrógeno para la construcción y formación de tejido vegetal, el cual le permite entrar eficazmente al interior de las células vegetales e interactuar de manera correcta y directa de proteínas, enzimas y particularmente en las moléculas responsables de la producción de clorofila, fenómeno fundamental en el proceso biosinérgico de la fotosíntesis en los cultivos.

Por su composición, NITROGENO 38.5 % ofrece ventajas significativas en la productividad y rendimiento de los cultivos.

BENEFICIOS

• BUFERIZA EL Ph DEL SUELO 6.5-7

• AMPLIO ESPECTRO DE MOBILIDAD Y APROVECHAMIENTO, NO SE PIERDE COMO OTROS NITROGENOS QUE SE EVAPORAN, LIXIVIAN Y ESCURREN FACILMENTE.

• IDEAL PARAAPLICACIÓN EN CULTIVOS DE RIEGO Y TEMPORAL

• EXCELENTE DESEMPEÑO EN SUELOS INUNDADOS O DE POCO DRENAJE.

COMPOSICIÓN

NITROGENO 38.5 %	
NITROGENO TOTAL,	38.50 % PESO
- NITROGENO NITRICO,NO3	5.35 %
- NITROGENO AMONIACAL	5.35 %
- NITROGENO UREICO	27.80 %
DIATOMITA	1.00 %
DISOLVENTES	6.20 %
PESO ESPECIFICO	1.32

APLICACIÓN

CULTIVO	DOSIS LTS/ HA	FRECUENCIA
HORTALIZAS	20-40	CADA 8 DIAS
GRAMINEAS	20-40	8-A 15 DIAS
GAVACEAS	20-40	CADA 30 DIAS
ORNAMENTALES	20-40	CADA 8 DIAS
FRUTALES	20-40	10-30DIAS

MEMORIA DE CÁLCULOS BASE 1,000 KG (1 TON)

PRODUCTO : NITROGENO 38.5 %	PESO ESPECIFICO = 1.32	ESTADO FISICO : LIQUIDO CONCENTRA
ANALISIS: 38-0-0	pH = 7.4	COLOR :

MATERIAS PRIMAS	CANTIDAD DE NUTRIENTES									
	N	P2O5	K2O	S	CaO	MgO	HA	KG	$/ KG	$ TOTAL
SUPERITRATO 33 %	107							324		
UREA, 46 %	278							604		
DIATOMITA								10		
AGUA								62		
TOTAL	385							1000		

ING. FERNANDO ALCÁZAR HERNÁNDEZ

INSTRUCTIVO DE OPERACIÓN

MATERIAS PRIMAS REQUERIDAS:
- AGUA DE PROCESO, LIBRE DE SÓLIDOS
- SUPERNITRATO 33 %
- UREA 46 %
- DIATOMITA

EQUIPOS REQUERIDOS:
- REACTOR ACERO INOXIDABLE (PREFERENCIA) O TANQUE DE POLIPROPILENO
- AGITADOR
- CALDERA Y/O CALENTADORES DE GAS

ORDEN DE ADICIÓN:
1. AGUA DE PROCESO CALIENTE PARA LA DISOLUCION DEL:
2. FOSFONITRATO Y
3. UREA
4. ADICIÓN DE DIATOMITA

EQUIPO DE SEGURIDAD REQUERIDO:
- GOGGLES O LENTES DE SEGURIDAD
- GUANTES DE NEOPRENO
- PETO O BATA
- ZAPATOS DE SEGURIDAD.

NPK 8-24-3
CON ÁCIDO HÚMICO

GENERALIDADES

8-24-3 es un fertilizante de aplicación edáfica ideal para el arranque de los cultivos. Para tener una mejor eficiencia biológica, el material está sinergizado con agentes quelatantes naturales u orgánicos (aminoácidos y ácidos húmicos), los cuales favorecen una rápida entrada en los tejidos vegetales, logrando así una mejor expresión del material.

BENEFICIOS

8-24-3 favorece el arranque vigoroso de la planta, el fósforo es parte importante de los ácidos nucleicos y numerosas coenzimas. Contiene un balance de los tres elementos primarios de mayor importancia en las producción agrícola intensiva, impacta al crecimiento radicular, favorece a que los tallos y hojas sean vigorosos, su relación de concentración 1-3-1 es la concentración ideal para el desarrollo de las plantas durante el primer tercio de desarrollo de vida de los cultivos. El potasio hace disminuir la transpiración, contribuyendo a mantener la turgencia celular.

ING. FERNANDO ALCÁZAR HERNÁNDEZ

COMPOSICIÓN

ANÁLISIS GARANTIZADO % PESO
NITRÓGENO 8.00%
FÓSFORO 24.00%
POTASIO 3.00%

APLICACIÓN

CULTIVO DOSIS
HORTALIZAS AJO, CEBOLLA, CHILE, MELÓN, PEPINO, PIMIENTO, SANDÍA, TOMATE, ETC. 4-6 L/HA
FRUTALES AGUACATE, CÍTRICOS, DURAZNO, MANGO, MANZANA, PLÁTANO, ETC. 6-8 L/HA

MEMORIA DE CÁLCULOS BASE 1,000 KG (1 TON)

PRODUCTO : ARRANCADOR 8-24-3	PESO ESPECIFICO = 1.30	ESTADO FISICO : LIQUIDO
ANALISIS: 8-24-3	pH = DETERMINAR	COLOR : CAFÉ OSCURO

MATERIAS PRIMAS	CANTIDAD DE NUTRIENTES									
	N	P2O5	K2O	S	CaO	MgO	HA	KG	$/ KG	$ TOTAL
UREA 46	80							174		
ACIDO FOSFORICO 54		240						444		
HIDROXIDO DE POTASIO 41.5 %			30					72		
ACIDO HUMICO 12 %								140		
AMINOACIDOS								7		
DILUYENTE- ACONDICIONADOR								163		
TOTAL	80	240	30					1000		

INSTRUCTIVO DE OPERACIÓN

MATERIAS PRIMAS REQUERIDAS:
- UREA PRILADA O GRANULADA
- ÁCIDO FOSFÓRICO 54 % P2O5
- ÁCIDO HUMICO 12 % % (SUSPENSIÓN)
- AMINÁCIDOS EN POLVO
- AGUA DE PROCESO, LIBRE DE SÓLIDOS

EQUIPOS REQUERIDOS:
- REACTOR ACERO INOXIDABLE (PREFERENCIA) O TANQUE DE POLIPROPILENO
- AGITADOR

ORDEN DE ADICIÓN:
1. AGUA DE PROCESO
2. UREA
3. ÁCIDO FOSFÓRICO, 54 % P2O5
4. ÁCIDO HUMICO 12 %
5. AMINOÁCIDOS

EQUIPO DE SEGURIDAD REQUERIDO:
- GOGGLES O LENTES DE SEGURIDAD
- GUANTES DE NEOPRENO
- PETO O BATA
- ZAPATOS DE SEGURIDAD.

ING. FERNANDO ALCÁZAR HERNÁNDEZ

NPK 4-7-23
CON ÁCIDO HÚMICO

GENERALIDADES

Es un Humato Biodinámico para nutrición al suelo, con un alto contenido de potasio, uno de los principales nutrientes requeridos por todos los cultivos, este fertilizante ha sido diseñado y formulado principal- mente para obtener un balance exacto de nitrógeno- fosforo- potasio (NPK), recomendado para el crecimiento óptimo de los cultivos y que se incrementen los rendimientos; además, refuerza la última etapa de su cultivo ayudando al amarre de los frutos, proporcionando mayor vida de anaquel a los productos finales. Contiene primordialmente una alta concentración de potasio, el cual interviene en la formación de carbohidratos, influencia la síntesis de proteínas, activa la producción de enzimas, ayuda a regular la transpiración e incrementa la resistencia de las plantas al ataque de patógenos e insectos. HUMIPOT es recomendado para cultivos como tomate, chile, fresa, jitomate, melón, pepino, sandía, cebolla, papas, cereales, frutales, forrajes, etc. Además, contiene nitrógeno, fósforo, aminoácido y fitohormonas, que conjuntamente, ayudan al amarre de flores.

BENEFICIOS

• Por su composición química equilibrada, evita la formación de compuestos insolubles, que ocasionan taponamientos en los sistemas de fertirrigación.

• Puede ser aplicado a traves de todos los sistemas de riego (goteo, cintilla, aspersion y rodado).

• Contiene ácidos húmicos y fúlvicos; su uso induce al desarrollo del sistema radicular, crecimiento y rendimiento de la planta.

• Aumenta el nivel de materia orgánica, la floculación, textura.

• Aumenta el intercambio iónico y, por consiguiente, la fertilidad de los suelos.

COMPOSICIÓN

NUTRICION AL SUELO (EDAFICA)			
SOLUCION NPK Y HUMATO DE POTASIO			
NITROGENO TOTAL, N	4.00 % PESO	FITOHORMONAS	0.0 %
3.73 % NITROGENO UREICO		PESO ESPECIFICO	1.274
0.27 % NITROGENO AMONIACAL		VISCOSIDAD	5 CPS
FOSFORO DISPONIBLE, P2O5	7.00 %	TEMPERATURA CRISTALIZACION	0 C
POTASIO SOLUBLE , K2O	23.00 %	pH	6.8-7.0
AMINOACIDOS	0.65 %		
HUMATO DE POTASIO (HK)	14.00 %		

APLICACIÓN

	CULTIVO	LITROS / HA.
	ORNAMENTALES	3-5
	HORTALIZAS	2-4
DOSIS DE APLICACION	FRUTALES	3-5
	CEREALES : MAIZ, TRIGO, SORGO, CEBADA	3-5
	(ESTAS DOSIS DEBERAN DISTRIBUIRSE	
	AL NUMERO DE APLICACIONES DE	
	LAMINAS DE RIEGO, DEPENDIENDO DEL SISTEMA)	

MEMORIA DE CÁLCULOS BASE 1,000 KG (1 TON)

PRODUCTO : HUMIPOT	PESO ESPECIFICO = 1.30	ESTADO FISICO : LIQUIDO
ANALISIS: 4-7-23	pH = DETERMINAR	COLOR :

MATERIAS PRIMAS	CANTIDAD DE NUTRIENTES									
	N	P2O5	K2O	S	CaO	Mg		KG	$/ KG	$ TOTAL
UREA 46	40							87		
ACIDO FOSFORICO 54		70						129		
HIDROXIDO POTASIO 41.5 %			230					554		
AMINOACIDOS								6		
HUMATO DE POTASIO 12 %								140		
AGUA DE PROCESO								84		
TOTAL	40	70	230					1000		

ING. FERNANDO ALCÁZAR HERNÁNDEZ

INSTRUCTIVO DE OPERACIÓN

MATERIAS PRIMAS REQUERIDAS:
• AGUA DE PROCESO
• ACIDO FOSFÓRICO
• POTASIO 41.5 K2O
• HUMATO DE POTASIO 12 % SUSPENSIÓN
• AMINOACIDOS

EQUIPOS REQUERIDOS:
• REACTOR ACERO INOXIDABLE (PREFERENCIA)
• AGITADOR

ORDEN DE ADICIÓN:
1. AGUA DE PROCESO
2. ACIDO FOSFÓRICO
3. POTASIO 41.5 K2O
4. HUMATO DE POTASIO 12 % SUSPENSIÓN
5. AMINOÁCIDOS
6. UREA

EQUIPO DE SEGURIDAD REQUERIDO:
• GOGGLES O LENTES DE SEGURIDAD
• GUANTES DE NEOPRENO
• PETO O BATA
• ZAPATOS DE SEGURIDAD.

NPK Ca 12-0-3+18CaO CON ÁCIDO HÚMICO

GENERALIDADES

Humato con alto contenido de calcio, conocido como el rey de los nutrientes, que permite construir, reconstruir y reforzar la pared celular y los tejidos de soporte. El calcio participa en la buena germinación y en la viabilidad del grano del polen. Con ácidos húmicos permite al elemento calcio penetrar de forma rápida y efectiva al interior de la planta. Su diseño, basado en la bio sinergia natural de la planta, permite que esta pueda asimilarlo y trascolarlo en todo momento, ayudando a fortalecer diversas estructuras esenciales como raíces, tallos, hojas, flores y frutos del cultivo.

Fertilizante edáfico especial para aplicarse a cualquier cultivo al inicio, desarrollo, en floración y fructificación, contribuye a la formación de un sistema radicular vigoroso y fuerte, evitando las deficiencias de calcio (pudrición apical) de fruto, en tomate, chile, melón, sandía, cítricos, etc.

Ayuda a prevenir enfermedades causadas por hongos y bacterias al reforzar la pared celular de los tejidos, evitando con esto la penetración de los patógenos, en suelos con problemas de salitre (sodio) flocula el suelo y desplaza a este elemento, ya que es el responsable de la compactación y falta de oxígeno, impidiendo su toxicidad. Larga vida de anaquel. Dosis 10 a 20 lts./ha.

Es un fertilizante líquido empleado primordialmente en suelos fríos y ligeros, sueloscondeficientemateriaorgánica, suelosácidos. Cultivoshidropónicos. Suelos sódicos salinos. Condiciones climáticas adversas; debido a períodos invernales con pérdida de masa radicular por bajas temperaturas o por escasa actividad de la planta y en situaciones críticas, cuando las plantas en plena producción son altamente exigentes en calcio.

APLICACIÓN:

CULTIVOS HORTÍCOLAS Y ORNAMENTALES: DOSIS TOTAL ANUAL : 40-60 LTS /HA , REPARTIDO EN 4-5 APLICACIONES DE 10-15 LTS /HA A TRAVÉS DEL RIEGO POR GOTEO, EN LOS MOMENTOS MÁS CRÍTICOS DE LOS CULTIVOS.   LA PRIMERA APLICACIÓN SE DEBERÁ REALIZAR CON EL OBJETIVO DE FAVORECER EL ENRAIZAMIENTO, A LOS 10-15 DÍAS DEL TRASPLANTE Y EN CASO DE SIEMBRA DIRECTA, CON PLANTAS DE 15 CMS. DE ALTURA. EN CULTIVOS INTENSIVOS MEDIANTE FERTIRRIGACIÓN SE PUEDE APLICAR DE 2.5-3 LTS. / HA CADA 8-10 DÍAS, DISMINUYENDO A 1.5 LTS./HA EN LA ETAPA FINAL DE LOS CULTIVOS.

CÍTRICOS, FRUTALES, VID Y PLATANO: DOSIS TOTAL ANUAL 60-80 LTS /HA , SEGÚN

DESARROLLO DEL CULTIVO Y MARCO DE PLANTACIÓN, REPARTIDO EN 3-4 APLICACIONES, DE 20 LTS. /HA, A PARTIR DEL INICIO DE LA BROTACIÓN.

MEMORIA DE CÁLCULOS BASE 1,000 KG (1 TON)

PRODUCTO : SUPER-CALCIO	PESO ESPECIFICO = 1.32	ESTADO FISICO : LIQUIDO
ANALISIS: 12-0-3+18CaO+14 HUMICOS	pH = DETERMINAR	COLOR :

MATERIAS PRIMAS	CANTIDAD DE NUTRIENTES									
	N	P2O5	K2O	S	CaO	Mg		KG	$/ KG	$ TOTAL
NITRATO CALCIO 15.5N+26.8 CaO	104				180			671		
NITRATO DE POTASIO 13-0-46	9		30					65		
UREA 46	7							15		
ACIDO HUMICO SUSPENSION 12%								140		
AGUA								190		
TOTAL	120		30		180			1000		

INSTRUCTIVO DE OPERACIÓN:

MATERIAS PRIMAS REQUERIDAS:
- UREA PRILADA O GRANULADA
- NITRATO DE POTASIO
- NITRATO DE CALCIO
- ACIDO HUMICO EN SUSPENSIÓN 12 %
- AGUA DE PROCESO, LIBRE DE SÓLIDOS.

EQUIPOS REQUERIDOS:
- REACTOR ACERO INOXIDABLE (PREFERENCIA)
- AGITADOR.

ORDEN DE ADICIÓN:
1. AGUA DE PROCESO, LIBRE DE SÓLIDOS
2. NITRATO DE CALCIO
3. NITRATO DE POTASIO
4. UREA PRILADA O GRANULADA
5. ACIDO HUMICO EN SUSPENSIÓN 12 % EQUIPO DE SEGURI-
DAD REQUERIDO:

- GOGGLES O LENTES DE SEGURIDAD
- GUANTES DE NEOPRENO
- PETO O BATA
- ZAPATOS DE SEGURIDAD.

NPK 10-10-10+14
HÚMICO

GENERALIDADES

Es un fertilizante líquido balanceado de proporción 1: 1: 1 que contiene un paquete completo de micronutrientes para una nutrición completa de la planta. Esta fórmula es ideal para la fertilización foliar y de la raíz y se puede aplicar a lo largo de la temporada de crecimiento. Todo el nitrógeno está en la forma de urea de liberación rápida. Los micronutrientes están en forma quelatada con esta, lo que mejora su disponibilidad mientras están en el suelo y permite la compatibilidad de la mezcla en tanque con muchos otros productos.

Líquido es una solución de fertilizante fabricada de fuentes de NPK, que son macronutrientes esenciales para el crecimiento de plantas, flores y raíces, promoviendo así el establecimiento de nuevas plántulas y manteniendo el vigor de la planta. Es un fertilizante con microlementos, exentos de cloro y con una formulación equilibrada de macronutrientes. Se puede aplicar tanto foliar como por vía radicular. Dentro de su composición encontramos aminoácidos de origen vegetal que aumentan el grado de penetración de los macro y micronutrientes en las plantas de nuestro cultivo.

El aporte de nitrógeno (n) se realiza bajo forma ureica y el fósforo y potasio provienen de materias primas altamente asimilables por las plantas.

Está recomendado para todos los momentos del cultivo. Todos sus componentes son de fácil asimilación y acción por parte del cultivo, por lo que puede ser aplicado tanto vía foliar como radicular.

APLICACIÓN

APLICACIÓN FOLIAR:

SE RECOMIENDA UNA DOSIS ENTRE 250-350 CC/POR CADA 100 L DE AGUA DE RIEGO.

APLICACIÓN RADICULAR:

SE RECOMIENDA UNA DOSIS DE 4-6L POR HECTAREA

MEMORIA DE CÁLCULOS BASE 1,000 KG (1 TON)

PRODUCTO : SUPERGOLD	PESO ESPECIFICO = 1.30	ESTADO FISICO : LIQUIDO
ANALISIS: 10-10-10+14 HUMICO	pH = DETERMINAR	COLOR :

MATERIAS PRIMAS	N	P2O5	K2O	S	CaO	Mg		KG	$/ KG	$ TOTAL
					CANTIDAD DE NUTRIENTES					
UREA -46	100							217		
ACIDO FOSFORICO 54		100						185		
POTASA 41.5 K2O			100					241		
SUSPENSION AC. HUMICO 12 %								140		
AGUA DE PROCESO								217		
TOTAL	100	100	100					1000		

INSTRUCTIVO DE OPERACIÓN

MATERIAS PRIMAS REQUERIDAS:
• UREA PRILADA O GRANULADA
• ÁCIDO FOSFÓRICO 54 %
• POTASIO 50 %
• SUSPENSIÓN ÁCIDO HÚMICO 12 %
• AGUA DE PROCESO, LIBRE DE SÓLIDO.

EQUIPOS REQUERIDOS:
• REACTOR ACERO INOXIDABLE (PREFERENCIA)
• AGITADOR

ORDEN DE ADICIÓN:
1. AGUA DE PROCESO, LIBRE DE SÓLIDOS
2. ÁCIDO FOSFÓRICO
3. POTASIO 50 %
4. UREA
5. SUSPENSIÓN ÁCIDO HÚMICO 12 %

EQUIPO DE SEGURIDAD REQUERIDO:
 • GOGGLES O LENTES DE SEGURIDAD
• GUANTES DE NEOPRENO
• PETO O BATA
• ZAPATOS DE SEGURIDAD.

PK 0-37-3
CON ÁCIDO HÚMICO

GENERALIDADES

Es un humato super especial para nutrición edáfica, altamente concentrado en fósforo, muy activo, eficaz para la prevención y corrección de carencias de este elemento; actúa independientemente de las condiciones climáticas y sin interacción ni precipitación en el suelo. Optimiza la fotosíntesis y fomenta la calidad de las cosechas, mejorando el cuajado y la fructificación. Durante la maduración de los frutos, potencia su homogeneidad, color y firmeza.

Provoca un efecto de arranque en el cultivo, que implica una mayor resistencia al frio por parte de la planta, favorece un mejor desarrollo del sistema radicular y aumenta el potencial de rendimiento.

BENEFICIOS

• Contiene fósforo muy activo que favorece su total asimilación.

• Incrementa la potencia del desarrollo radicular tras la plantación o siembra, asegurando una óptima nutrición y el crecimiento vegetativo de la planta.

• Contiene un balance ideal de nutrientes esenciales, fosforo – potasio.

• Con ph ácido mejora la compatibilidad de las mezclas con otros fertilizantes.

• Por su composición química equilibrada, evita la formación de compuestos insolubles, que ocasionan taponamientos en los sistemas de fertirrigación.

• Puede ser aplicado a través de todos los sistemas de riego (goteo, cintilla, aspersión y rodado).

ING. FERNANDO ALCÁZAR HERNÁNDEZ

• Contiene ácidos húmicos y fúlvicos; su uso induce al desarrollo del sistema radicular, crecimiento y rendimiento de la planta.

• Aumenta el nivel de materia orgánica, la floculación, textura.

• Aumenta el intercambio inicio y por consiguiente la fertilidad de los suelos.

• No existen riesgos de fitotoxicidad.

COMPOSICIÓN

NUTRICION AL SUELO (EDAFICA)			
SOLUCION PK Y HUMATO DE POTASIO			
FOSFORO DISPONIBLE, P2O5	37.00 %	PESO ESPECIFICO	1.340
POTASIO SOLUBLE , K2O	3.00 %	VISCOSIDAD	CPS
AMINOACIDOS	0.65 %	TEMPERATURA CRISTALIZACION	- 7 C
HUMATO DE POTASIO (HK)	14.00 %	pH	2-3
FITOHORMONAS			

APLICACIÓN

		CULTIVO	LITROS / HA.
DOSIS DE APLICACION		ORNAMENTALES	10-20
		HORTALIZAS	10-20
		FRUTALES	10-20
		GRAMINEAS	10-20
		APLICAR EN EL AGUA DE RIEGO	

MEMORIA DE CÁLCULOS BASE 1,000 KG (1 TON)

PRODUCTO : HUMIPHOS	PESO ESPECIFICO = 1.35	ESTADO FISICO : LIQUIDO
ANALISIS: 0-37-3 +14 HK	pH = DETERMINAR	COLOR :

MATERIAS PRIMAS	N	P2O5	K2O	S	CaO	Mg		KG	$/ KG	$ TOTAL
					CANTIDAD DE NUTRIENTES					
ACIDO FOSFORICO 54 %		370						685		
POTASA 41.5 K2O			30					72		
ACIDO HUMICO 12% SUSPENS								140		
AGUA DE PROCESO								103		
TOTAL		370	30					1000		

INSTRUCTIVO DE OPERACIÓN

MATERIAS PRIMAS REQUERIDAS:
- UREA PRILADA O GRANULADA
- SUPERNITRATO
- INHIBIDOR DE CORROSION
- ATTAPULGITA
- AGUA DE PROCESO, LIBRE DE SÓLIDOS

EQUIPOS REQUERIDOS:
- REACTOR ACERO INOXIDABLE (PREFERENCIA)
- AGITADOR.

ORDEN DE ADICIÓN:
1. AGUA DE PROCESO, LIBRE DE SÓLIDOS
2. ÁCIDO FOSFÓRICO
3. POTASIO 50 %
4. UREA
5. SUSPENSIÓN ÁCIDO HÚMICO 12 %

EQUIPO DE SEGURIDAD REQUERIDO:
- GOGGLES O LENTES DE SEGURIDAD
- GUANTES DE NEOPRENO
- PETO O BATA
- ZAPATOS DE SEGURIDAD.

ING. FERNANDO ALCÁZAR HERNÁNDEZ

LIMPIADOR DE CINTILLAS
UREA-AZUFRE LÍQUIDO
5-0-0+20S

(MEJORADOR DE SUELOS, FERTILIZANTE ÁCIDO OXIDANTE Y OXIGENADOR)

GENERALIDADES

Potente oxidante de las sales minerales, que regenera el coloide natural del suelo. Aumenta la presencia de oxígeno en la estructura granular del suelo, lo que contribuye a desbloquear las sales insolubles que provocan los altos niveles de salinidad y deterioro en los suelos de cultivo.

BENEFICIOS

• Libera los suelos de calcio y magnesio

• Mayor seguridad en el manejo frente a otros ácidos convencionales

(ácido nítrico) al no provocar quemaduras en la piel por contacto ocasional.

• Elimina los depósitos minerales en las líneas de riego, materia orgánica y algas, etc.

• Mejora y acidifica en forma efectiva las aguas de riego al reducir el ph de manera rápida y eficaz y destruye los bicarbonatos

• Mejora de los suelos cultivables y reduce los problemas asociados a la salinidad y la compactación en suelos arenosos.

- Fertilizante eficiente fuente de nitrógeno ureico y azufre.

- Mayor poder acidificante, neutralizador de bicarbonatos y descenso de la salinidad.

- Mejora la penetración del agua.

- Incrementa la efectividad sensible de los fungicidas.

- Elimina los depósitos minerales en las líneas de riego y depósitos.

- Solubiliza los nutrientes ligados a intervalos de ph alto.

- Oxigena los suelos y ayuda a reducir la capa negra de salitre.

- Muy económico.

- Aumenta la capacidad del agua para lixiviar las sales.

- Minimiza la necesidad de aplicar agentes humectantes.

APLICACIÓN

- **Como limpiador para cintillas.**

Como limpiador de cinta de riego, aplicar 25 litros por cada 6,667 metros de cinta (equivale a 1 hectárea, con distanciamiento entre camas de 1.5 mts) en media hora (30 minutos) y requiere tener unos 20 minutos más de agua de riego después de su aplicación para lavar las líneas. (aprox. 25 litros limpiador/300 litros de agua).

- **Como fertilizante.**

Es una fuente de nitrógeno y azufre. Es importante considerar el aporte de nitrógeno y azufre del producto; así, por cada litro aplicado se suministran 75 gramos de nitrógeno ureico y 300 gr de azufre soluble. Estas cantidades deben ser consideradas dentro del programa de fertilización. Por otra parte, la urea garantiza la liberación lenta de nitrógeno en el suelo y este aporte deberá será tomado en consideración en el cálculo de la solución nutritiva para la correspondiente reducción de otras fuentes de nitrógeno.

ING. FERNANDO ALCÁZAR HERNÁNDEZ

• Como agente acidificante.

Excelente para cultivos como cítricos, cereales, frutales de hueso y pepita, lechuga, maíz, melón, papa, pepino, chiles, tomate, viñedos, etc.

Manejo y almacenamiento

Almacénelo en un lugar fresco y seco. Mantenga el recipiente herméticamente cerrado. No añadir agua u otro material al recipiente. No contamine el agua, los alimentos o los piensos al almacenar o desechar. No almacenar cerca de ácidos o materia ácida.

MEMORIA DE CÁLCULOS BASE 1,000 KG (1 TON)

PRODUCTO : LIMPIADOR DE CINTILLAS	PESO ESPECIFICO = 1.35	ESTADO FISICO : LIQUIDO
ANALISIS: 5-0-0+20S	pH = DETERMINAR	COLOR :

MATERIAS PRIMAS	CANTIDAD DE NUTRIENTES									
	N	P2O5	K2O	S	CaO	Mg		KG	$/ KG	$ TOTAL
UREA 46	50							108		
ACIDO SULFURICO 98$-32S				200				625		
ACIDO FOSFORICO 54		1						2		
AGUA DE PROCESO								265		
TOTAL	50	1		200				1000		

INSTRUCTIVO DE OPERACIÓN

MATERIAS PRIMAS REQUERIDAS:
- UREA PRILADA O GRANULADA
- ÁCIDO FOSFÓRICO 54 %
- ÁCIDO SULFÚRICO 98 %
- AGUA DE PROCESO, LIBRE DE SÓLIDOS

EQUIPOS REQUERIDOS:
- REACTOR ACERO INOXIDABLE (PREFERENCIA)
- Y/O TAMBOR DE POLIPROPILENO 200 LTS
- AGITADOR

ORDEN DE ADICIÓN:
1. AGUA
2. ÁCIDO FOSFÓRICO
3. ÁCIDO SULFÚRICO
4. UREA (ADICIONAR UNA VEZ FRIA LA SOLUCIÓN ÁCIDA)

EQUIPO DE SEGURIDAD REQUERIDO:
- GOGGLES O LENTES DE SEGURIDAD
- GUANTES DE NEOPRENO
- PETO O BATA
- ZAPATOS DE SEGURIDAD.

ING. FERNANDO ALCÁZAR HERNÁNDEZ

B

FERTILIZANTES FOLIARES CON ÁCIDOS FÚLVICOS

BORO-MOLIBDENO 7BORO-0.5 MOLIBDENO CON ÁCIDO FÚLVICO

GENERALIDADES

Formulado para aplicaciones seguras foliar mente y para satisfacer los requerimientos del cultivo en etapas criticas del mismo. Alto contenido de nutrientes, lo cual se traduce en bajas dosis de aplicación. Importante para el crecimiento de los meristemos, metabolismo de carbohidratos, germinación del polen. Complejo nutricional, ayuda a las funciones fisiológicas de brotación, polinización, cuajado y desarrollo del fruto.

BORO-MOLIBDENO es un fertilizante foliar que potencia la bio sinergia natural de la planta activando de forma eficaz sus mecanismos internos en los ciclos determinantes de su desarrollo generativo. Logra un balance perfecto en los estados vegetativos y de desarrollo de la planta, administrado correctamente.

Corrector de carencias dobles de boro y molibdeno, indicado para aumentar la carga de frutos, granos, mazorcas, bellotas, tubérculos, etc., al promover una mejor diferenciación y división celular de los órganos reproductivos, resultando en una mayor producción de los cultivos. Su aplicación promueve, incrementa y uniformiza la inducción floral para un cuajado uniforme de frutos. Previene y controla el crecimiento vegetativo vigoroso o excesivo de los brotes y el follaje (envicia- miento) causado por altas temperatura y/o altos niveles de fertilización

ING. FERNANDO ALCÁZAR HERNÁNDEZ

nitrogenada, en particular de fuentes nítricas, que produce una excesiva producción y transporte de auxinas desde los brotes hacia la parte inferior de la planta, causando el aborto de primordios reproductivos, desórdenes fisiológicos y reducción de la calidad y los rendimientos de las cosechas. Contiene elicitores que promueven la actividad de las yemas reproductivas contrarrestando la dominancia de las giberelinas (hormona del enviciamiento), resultando en el incremento y uniformidad de la floración y del cuajado de frutos.

Promueve la formación de reguladores de crecimiento naturalmente en la planta, en particular de citoquininas, permitiendo un menor requerimiento de aplicación de esta hormona. Incrementa la vida media de las auxinas, previniendo su transporte fuera de los nuevos crecimientos, evitando el crecimiento vigoroso de los cultivos. Contiene aditivos naturales que otorgan una mayor permeabilidad de las membranas celulares, permitiendo la redistribución de los fotosintatos desde las hojas hacia los órganos de almacenamiento: frutos, coronas, tallos, raíces, etc.

Cultivo	Dosis	Momento de aplicación
Papa, tomate, *Capsicums* y cultivos de fructificación múltiple	1.5 L/ha	Iniciar las aplicaciones cuando las primeras flores aparezcan. Continuar las aplicaciones cada 7 días hasta dos semanas antes de finalizar la cosecha.
Cebolla, ajos	1.5 L/ha	Iniciar las aplicaciones cuando la planta tenga de 5 a 6 hojas. Continuar las aplicaciones cada 7 días hasta dos semanas antes de la cosecha.
Alcachofa	1.5 L/ha	Iniciar las aplicaciones después de las aplicaciones de inducción floral (capítulo). Continuar las aplicaciones cada 7 días hasta dos semanas antes de finalizar la cosecha
Algodón	1.5 L/ha	Iniciar aplicaciones en pre floración. Aplicar cada 7 días hasta terminar el periodo de cuajado en el tercio superior.
Espárragos	1.5 L/ha	Iniciar las aplicaciones a la apertura de los cladiolos. Repetir las aplicaciones cada 7 días hasta 2 semanas antes de la cosecha.

Cultivo	Dosis	Momento de aplicación
Maíz	1.5 L/ha	Iniciar las aplicaciones cuando la planta tenga de 5 a 6 hojas verdaderas. Continuar las aplicaciones cada 7 días hasta que aparezcan los estilos (barbas) en la mazorca.
Fríjol, garbanzos, soya, lenteja, habas	1.5 L/ha	Iniciar las aplicaciones después que aparezca la primera flor. Continuar las aplicaciones cada 7 días hasta dos semanas antes que finalicen las cosechas.
Arroz, cebada, trigo, avena, sorgo	1.5 L/ha	Iniciar las aplicaciones cuando la planta entre el periodo de rápido crecimiento. Continuar las aplicaciones cada 7 días hasta la aparición de la panícula.
Melón, sandía, calabazas,	1.5 L/ha	Iniciar las aplicaciones cuando las primeras flores aparezcan. Continuar las aplicaciones cada 7 días hasta dos semanas antes de finalizar la cosecha.
Piña	2.5 L/ha	Iniciar las aplicaciones en pre-floración. Continuar las aplicaciones cada 14 días hasta dos semanas antes de la cosecha.
Caña de azúcar	5 L/ha	Aplicar foliarmente cuando el 4to tallo de caña emerja desde la corona. Repetir la aplicación cada 3 semanas, vía sistema de riego, hasta 1 mes antes de la cosecha, tanto en caña planta como caña soca.
Fresa	1.5 L/ha	Aplicar foliarmente cada 7 a 10 días, iniciando las aplicaciones al cuajado de frutos. Repetir cada 7 días hasta una semana antes de la cosecha.

MEMORIA DE CÁLCULOS BASE 1,000 KG (1 TON)

PRODUCTO : BORO-MOLIBDENO	PESO ESPECIFICO = 1.35	ESTADO FISICO : LIQUIDO FOLIAR
ANALISIS: 7B+0.5Mo+ 5FK	pH = DETERMINAR	COLOR :

MATERIAS PRIMAS	CANTIDAD DE NUTRIENTES									
	N	P2O5	K2O	S	B	Mo		KG	$/ KG	$ TOTAL
ACIDO BORICO 17.5 B					70			400		
MOLIBDENO 100						5		5		
AGROSUSPENSION FERNET								545		
ACIDO FULVICO –FK 5%								50		
TOTAL								1000		

ING. FERNANDO ALCÁZAR HERNÁNDEZ

INSTRUCTIVO DE OPERACIÓN

MATERIAS PRIMAS REQUERIDAS:
• AGROSUSPENSION FERNET
• ACIDO BORICO
• MOLIBDENO
• ACIDO FULVICO

EQUIPOS REQUERIDOS:
• REACTOR ACERO INOXIDABLE (PREFERENCIA)
• AGITADOR

ORDEN DE ADICIÓN:
1. AGROSUSPENSION FERNET
2. ÁCIDO BÓRICO
3. MOLIBDENO
4. ÁCIDO FÚLVICO

EQUIPO DE SEGURIDAD REQUERIDO:
• GOGGLES O LENTES DE SEGURIDAD
• GUANTES DE NEOPRENO
• PETO O BATA
• ZAPATOS DE SEGURIDAD.

CALCIO-BORO 17CaO+0.5B CON ÁCIDO FÚLVICO

GENERALIDADES

CALCIO-BORO logra el amarre y calidad de frutos mediante el ingreso eficaz del elemento calcio, nutriente que comúnmente presenta problemas de translocación en el interior de la estructura vegetal debido a inmovilidad vascular. CALCIO-BORO al ser coloide ingresa fácilmente por las rutas metabólicas de la planta y se transluce con una alta eficacia en las células, lo que permite un desarrollo vegetativo mucho más fuerte que disminuye significativamente el riesgo de abortos, además de promover una excelente fructificación. En desarrollo, inicio de floración y fructificación, el boro mantiene vivos los granos de polen por más tiempo con un mayor amarre de frutos, su contenido de nitrógeno produce un rápido crecimiento de frutos con la consistencia que le da el calcio, mayor tamaño y peso en corto tiempo resistencia al transporte y una larga vida de anaquel.

Dosis: 1.5 a 2 lts/ha.

CALCIO-BORO ha sido diseñado para favorecer el movimiento de los fotosintatos hacia los órganos reproductivos evitando la caída de flores y frutos y previniendo los desórdenes fisiológicos, así como también fortalece los tejidos vegetales incrementando la resistencia contra condiciones de estrés biótico y abiótico.

ING. FERNANDO ALCÁZAR HERNÁNDEZ

BENEFICIOS

Fortalecimiento de las paredes y membranas celulares, incrementando la resistencia al ataque de plagas y enfermedades. Reduce el aborto de flores y frutos, fortaleciendo los tejidos vegetales y la viabilidad de la flor incrementando el cuajado de nuevos frutos. Previene los desórdenes fisiológicos como la pudrición apical en tomates y cucurbitáceas, corazón negro en papa, rajadura de turiones y tallos en espárragos y ornamentales, así como otras fisiopatías debido a desbalances nutricionales y hormonales. Incrementa la firmeza de los tejidos de los frutos fortaleciendo las paredes y membranas celulares de los órganos de almacenamiento, favoreciendo una mayor vida poscosecha. Incrementa las características de calidad de los frutos e incrementa la resistencia para la manipulación y el transporte.

COMPOSICIÓN

COMPOSICION QUIMICA: % PESO CALCIO

CaO 17.00

BORO, (B) 0.50

FULVATO DE POTASIO 5% 14.00

APLICACIÓN

Cultivos	Dosis (L/h	Dosis (L/c	Dosis (%)
Hortalizas	2-4	1-2	0.5-1
Anuales y peren	4-6	1-2	0.5-1
Frutales	5-10	1-2	0.5-1
Ornamentales	5-10	0.5-1	0.25-0.50

MEMORIA DE CÁLCULOS BASE 1,000 KG (1 TON)

PRODUCTO: NUTRIGROW CAB	PESO ESPECIFICO = 1.35	ESTADO FISICO: LIQUIDO FOLIAR
ANALISIS: 17CaO+0.5 B	pH = DETERMINAR	COLOR:

MATERIAS PRIMAS	CANTIDAD DE NUTRIENTES									
	N	P2O5	K2O	S	B	Mo	CaO	KG	$/ KG	$ TOTAL
ACIDO BORICO 17.5 B					5			28		
CLORURO DE CALCIO 48CaO %							170	354		
ACIDO FULVICO 5 %								140		
AGUA DE PROCESO								478		
TOTAL					5		170	1000		

INSTRUCTIVO DE OPERACIÓN

MATERIAS PRIMAS REQUERIDAS:
• AGUA DE PROCESO
• CLORURO DE CALCIO
• ÁCIDO BÓRICO
• ÁCIDO FÚLVICO 5 % SUSPENSIÓN

EQUIPOS REQUERIDOS:
• REACTOR ACERO INOXIDABLE (PREFERENCIA)
• AGITADOR

ORDEN DE ADICIÓN:
1. AGUA DE PROCESO
2. CLORURO DE CALCIO
3. ÁCIDO BÓRICO
4. ÁCIDO FÚLVICO 5 % SUSPENSIÓN

EQUIPO DE SEGURIDAD REQUERIDO:
• GOGGLES O LENTES DE SEGURIDAD
• GUANTES DE NEOPRENO
• PETO O BATA
• ZAPATOS DE SEGURIDAD.

ING. FERNANDO ALCÁZAR HERNÁNDEZ

NPK 10-5-10+1 Zn

GENERALIDADES

Es un líquido que detecta y corrige eficazmente las carencias ocultas que presenta la planta, nivelando la asimilación de los nutrientes esenciales que esta demanda, específicamente en la etapa fenológica de desarrollo. Logra obtener vegetales fuertes y vigorosos en todos los cultivos. Complementa y auxilia en la Bio sinergia natural de la planta para la asimilación armónica de otros elementos esenciales, logrando un perfecto desempeño de crecimiento. Complejo nutrimental n-p-k + zinc para aplicarse.

A cualquier cultivo en desarrollo, floración y fructificación, y de esa manera prevenir deficiencias de zinc; además, estimula el aprovechamiento del nitrógeno y el potasio, obteniéndose plantas más vigorosas, frutos de mayor tamaño, mejor color y sabor y cosechas de excelente calidad y en cantidad de granos (maíz), hortalizas; además especial en las carencias de zinc en frutales (nogal).

APLICACIÓN

Dosis: 3 a 4 lts en 1000 lts. de agua/ha, en hortalizas y maíz 1.5 a 2 lts./ha.

MEMORIA DE CÁLCULOS BASE 1,000 KG (1 TON)

PRODUCTO : SUPER-NPK+F	PESO ESPECIFICO = 1.35	ESTADO FISICO : LIQUIDO
ANALISIS:10-5-10+1Zn+15FULVICO	pH = DETERMINAR	COLOR : CAFE

MATERIAS PRIMAS	CANTIDAD DE NUTRIENTES									
	N	P2O5	K2O	S	Zn	Mo	CaO	KG	$/ KG	$ TOTAL
UREA 46 %	100							217		
ACIDO FOSFORICO 54 %		50						93		
POTASIO LIQUIDO 41.5 %			100					241		
SULFATO DE ZINC 36 Zn					10			28		
ACIDO FULVICO 5 %								150		
AGUA DE PROCESO								271		
TOTAL								1000		

INSTRUCTIVO DE OPERACIÓN

MATERIAS PRIMAS REQUERIDAS:
- AGUA DE PROCESO
- UREA PRILADA Y/O GRANULADA
- ÁCIDO FOSFÓRICO
- POTASIO 41.5 %
- ÁCIDO FÚLVICO 5 % EN SUSPENSIÓN

EQUIPOS REQUERIDOS:
- REACTOR ACERO INOXIDABLE (PREFERENCIA)
- AGITADOR

ORDEN DE ADICIÓN:
1. AGUA DE PROCESO
2. UREA PRILADA Y/O GRANULADA
3. ÁCIDO FOSFÓRICO
4. POTASIO 50 %
5. ÁCIDO FÚLVICO 5 % EN SUSPENSIÓN

EQUIPO DE SEGURIDAD REQUERIDO:
- GOGGLES O LENTES DE SEGURIDAD
- GUANTES DE NEOPRENO
- PETO O BATA
- ZAPATOS DE SEGURIDAD.

ING. FERNANDO ALCÁZAR HERNÁNDEZ

MAGNESIO 7-HIERRO 3 CON ÁCIDO FÚLVICO

GENERALIDADES

MAGNESIO 7 % HIERRO 3 % LIQUIDO ha sido formulado principalmente para proporcionar un balance adecuado de nutrientes, recomendable para crecimiento óptimo de los cultivos e incremento de los rendimientos. Recomendado para tomates, chile, cebolla, papa, cereales, frutales, forrajes. Producto elaborado principalmente para proporcionar un aporte de magnesio-fierro, en cantidades adecuadas para lograr una mejor fotosíntesis y captación de luz solar, así como para mejorar la coloración de las hojas, obteniéndose un verde más intenso.

BENEFICIOS

• Fácil aplicación.

• Formulado para prevenir y corregir rápidamente las deficiencias de estos elementos en los cultivos hortícolas, frutales, extensivos, ornamentales y forrajeros.

• Rápida asimilación.

COMPOSICIÓN

FERTILIZANTE FOLIAR Y RADICULAR LIQUIDO MULTIQUELATADO				
ANALISIS GARANTIZADO				
MAGNESIO, MgO	7.00 %	PESO ESPECIFICO		1.220
HIERRO, Fe	3.00	TEMP. CRISTALIZACION		0.0 C
ACIDO FULVICO 5%	15.00	COLOR		MARRON
DILUYENTES Y ACONDICIONADORES	78.00	pH		3.5
TOTAL	100.00	SOLUBILIDAD		100 %

APLICACIÓN

- Aplicar por aspersión en las primeras etapas 2 litros/ha.
- En etapas intermedias 3 litros/ha.
- En etapas finales 3 litros/ha.

MEMORIA DE CÁLCULOS BASE 1,000 KG (1 TON)

PRODUCTO : FULVI -MAGFE	PESO ESPECIFICO = 1.22	ESTADO FISICO : LIQUIDO
ANALISIS: 7MgO+3Fe	pH = DETERMINAR	COLOR : CAFE

MATERIAS PRIMAS	N	P2O5	K2O	S	MgO	Fe		KG	$/ KG	$ TOTAL
				CANTIDAD DE NUTRIENTES						
SULF MAGNESIO 16MgO+12S				53	70			438		
SULFATO FERROSO 19Fe						30		158		
ACIDO CITRICO								60		
ACIDO FULVICO 5 %								150		
AGUA DE PROCESO								194		
TOTAL				53	70	30		1000		

ING. FERNANDO ALCÁZAR HERNÁNDEZ

INSTRUCTIVO DE OPERACIÓN

MATERIAS PRIMAS REQUERIDAS:
• AGUA DE PROCESO
• ÁCIDO CÍTRICO
• SULFATO DE MAGNESIO HEPTAHIDRATADO
• SULFATO FERROSO SOLUBLE
• ÁCIDO FÚLVICO 5 % SUSPENSIÓN

EQUIPOS REQUERIDOS:
• REACTOR ACERO INOXIDABLE (PREFERENCIA)
• AGITADOR

ORDEN DE ADICIÓN:
1. AGUA DE PROCESO
2. ÁCIDO CÍTRICO
3. SULFATO DE MAGNESIO HEPTAHIDRATADO
4. SULFATO FERROSO SOLUBLE
5. ÁCIDO FÚLVICO

EQUIPO DE SEGURIDAD REQUERIDO:
• GOGGLES O LENTES DE SEGURIDAD
• GUANTES DE NEOPRENO
• PETO O BATA.
• ZAPATOS DE SEGURIDAD.

NK 9-20-10+14 FK

GENERALIDADES

Complejo de ácido fúlvico con un contenido de potasio asimilable alto y óptimo, disponible para las etapas donde se presenta el crecimiento del fruto, haciéndolo con mayor rapidez, ya que lo promueve. Excelente para la recuperación de las plantas que han sufrido estrés provocado por las adversidades meteorológicas. Proporciona vigor a las plantas, esencial a la formación de azucares e incrementa el tamaño de granos y frutos.

Es un fertilizante especializado en elevar la calidad de los frutos. Incide con gran eficiencia, de forma directa y localizada, en la etapa fenológica de fructificación. Ayuda a regular de manera constante la correcta administración de agua en los momentos de cierre y apertura de estomas. Logra que nuevos azúcares se formen correctamente permitiendo producir frutos más robustos y sanos en tiempo récord. También logra un amarre con mayor cantidad de frutos, aumentando constantemente su peso y tamaño.

APLICACIÓN

ETAPA FENOLOGICA	CULTIVO	LTS. / HA.	FRECUENCIA
FRUCTIFICACION	HORTALIZAS-GRAMINEAS	1-2	3 APLICACIONES
FRUCTIFICACION	ORNAMENTALES- FRUTALES	1-2	3 APLICACIONES

ING. FERNANDO ALCÁZAR HERNÁNDEZ

MEMORIA DE CÁLCULOS BASE 1,000 KG (1 TON)

PRODUCTO : FULVI-POT	PESO ESPECIFICO = 1.30	ESTADO FISICO : LIQUIDO
ANALISIS: 9-0-20+0.3Zn+0.6Mg0+14 FK	pH = DETERMINAR	COLOR : CAFE

MATERIAS PRIMAS	CANTIDAD DE NUTRIENTES								
	N	P2O5	K2O	S	MgO	Zn		KG	$/ KG	$ TOTAL
UREA 46	90							196		
SOL. KOH 41.5			200					482		
ZnSO4 34Zn+12S						3		9		
MgSO4 16.08 MgO+12S					6			36		
ÁCIDO FULVICO 5 %								140		
AGUA DE PROCESO								137		

INSTRUCTIVO DE OPERACIÓN

MATERIAS PRIMAS REQUERIDAS:
• AGUA DE PROCESO
• UREA
• SOLUCIÓN KOH
• SULFATO DE MAGNESIO HEPTAHIDRATADO
• SULFATO ZINC SOLUBLE
• ÁCIDO FÚLVICO 5 % SUSPENSIÓN

EQUIPOS REQUERIDOS:
• REACTOR ACERO INOXIDABLE (PREFERENCIA)
• AGITADOR ORDEN DE ADICIÓN:
1. AGUA DE PROCESO
2. UREA
3. SOLUCIÓN KOH
4. SULFATO DE MAGNESIO HEPTAHIDRATADO
5. SULFATO ZINC SOLUBLE ÁCIDO FÚLVICO 5 % SUSPENSIÓN

EQUIPO DE SEGURIDAD REQUERIDO:
• GOGGLES O LENTES DE SEGURIDAD
• GUANTES DE NEOPRENO
• PETO O BATA
• ZAPATOS DE SEGURIDAD.

C

FOLIARES
QUELATADOS

ING. FERNANDO ALCÁZAR HERNÁNDEZ

FIERRO 6 %
HIERRO QUELATADO

GENERALIDADES.

Es un quelato de hierro líquido que corrige de forma rápida y eficaz la clorosis férrica en cultivos florales y hortícolas; al ser líquido, puede ser usado tanto por vía foliar (no quema ni mancha) como por fertirrigación (radicular). Estimula el crecimiento de todo tipo de plantas al reducir la presión parcial de oxígeno sobre las mismas. Proporciona un incremento de color en las flores y frutos, previene las carencias de hierro. El quelato es estable en el intervalo de ph de 3 a 12.

BENEFICIOS

• Disolución rápida y total en agua

• Facilidad de manejo y medición

• No le afecta la luz solar

• No es un producto fotosensible

• Compatible con la mayoría de fitosanitarios del mercado

COMPOSICIÓN

AGROFERNET-FIERRO 6 %	
ANALISIS GARANTIZADO	**% PESO**
HIERRO, Fe	6.00
ACIDO FULVICO	15.00
DILUYENTE AGUA Y ELEMENTOS RELACIONADOS	79.00
TOTAL	100.00

APLICACIÓN

Habitualmente, realizar dos aplicaciones durante la brotación de primavera. En los cítricos, además, realizar una aplicación más al inicio de la brotación de verano. Aplicar, igualmente, al observar las prime- ras clorosis en hojas. Aplicación foliar: se debe conseguir un buen recubrimiento y se aconseja un adherente (FIX- ADHER AGRO de AgroIndustrias Fernet) en hojas cerosas. Los resultados son apreciables en unos 7 días. Dosis: 2-4 litros/1.000 litros de agua/ha, repetir a los 10 días sólo en caso necesario.

Frutales: 50 ml/pie

Cultivos florales/ornamentales: 3 ml/m2

Aplicación en cultivos hidropónicos: aplicar el producto mezclado con los fertilizantes npk y demás oligoelementos y aditivos, de la forma habitual en este tipo de cultivos.

MEMORIA DE CÁLCULOS BASE 1,000 KG (1 TON)

PRODUCTO : FIERRO 6 %	PESO ESPECIFICO = 1.20	ESTADO FISICO : LIQUIDO
ANALISIS: 6 Fe+14 FK	pH = DETERMINAR	COLOR : CAFE

MATERIAS PRIMAS	CANTIDAD DE NUTRIENTES									
	N	P2O5	K2O	S	MgO	Fe		KG	$/ KG	$ TOTAL
SULFATO FERROSO 19 Fe						60		316		
ACIDO CITRICO								38		
ACIDO FULVICO LA 5 %								140		
AGUA								506		
TOTAL						60		1000		

INSTRUCTIVO DE OPERACIÓN

MATERIAS PRIMAS REQUERIDAS:
• AGUA DE PROCESO
• ÁCIDO CÍTRICO
• SULFATO FERROSO SOLUBLE
• ÁCIDO FÚLVICO 5 % SUSPENSIÓN

EQUIPOS REQUERIDOS:
• REACTOR ACERO INOXIDABLE (PREFERENCIA)
• AGITADOR

ORDEN DE ADICIÓN:
1. AGUA DE PROCESO
2. ÁCIDO CÍTRICO
3. SULFATO FERROSO SOLUBLE
4. ÁCIDO FÚLVICO

EQUIPO DE SEGURIDAD REQUERIDO:
• GOGGLES O LENTES DE SEGURIDAD
• GUANTES DE NEOPRENO
• PETO O BATA
• ZAPATOS DE SEGURIDAD.

COBRE 6 %

GENERALIDADES

Cobre quelatado 6 % es fabricado a partir de sulfato de cobre pentahidratado y tiene diversas acciones, ya que el cobre es un elemento indispensable para el metabolismo vegetal y además es un coadyuvante para el control de algas en estanques y de enfermedades causadas por hongos y bacterias. Se usa en:

• En la agricultura, es comúnmente utilizado como fungicida para el control de varias enfermedades bacterianas y fúngicas de cultivos, frutas y verduras, como el moho, manchas foliares, plagas y moteado. Por su formulación líquida, puede ser fácilmente aplicado por vía foliar, riego por goteo, riego por aspersión o por fertirrigación por riego rodado.

• En piscinas, depósitos y estanques de agua como un alguicida para evitar el crecimiento de algas y su proliferación. También ayuda en la erradicación de los caracoles que albergan el parásito responsable de causar la esquistosomiasis en humanos.

• En medicina se utiliza como fungicida no sólo en la agricultura, sino también como antiséptico y germicida contra las infecciones fúngicas en los seres humanos.

BENEFICIOS

• La dosificación diaria corresponde a 1 ml. por 1000 litros de agua, da como resultado la disminución en la utilización del cloro en un 50 %. Esto reduce los costos del mantenimiento común de sus piscinas.

ING. FERNANDO ALCÁZAR HERNÁNDEZ

• Inhibe el desarrollo de algas y una amplia gama de bacterias durante un período mayor que el de los principales desinfectantes. Además, es compatible con todos los sistemas de tratamiento de agua actualmente disponibles en el mercado.

• Es un bacteriostático algicida que aumenta la principal actividad bacteriostática desinfectante en piscinas, depósitos y estanques

• Elimina olores, evita la putrefacción, además ayuda a mantener el sistema de filtración en mejores condiciones, ya que desincrusta el sarro producido por los cloruros.

• Permanece y protege el agua durante semanas y meses. De hecho, muy poco se pierde a través de medios distintos de asesinato de algas y bacterias y estabiliza el cobre iónico en una forma que sea a la vez duradera y preservando sus activos biológicos continuamente.

COMPOSICIÓN

COBRE QUELATADO 6 % , LIQUIDO			
INGREDIENTES	% PESO	pH	1.26-1.30
QUELATO DE COBRE	6.00	SOLUBILIDAD EN AGUA	100.00 %
COADYUVANTES Y DILUYENTES	94.00	PUNTO DE EBULLICION	100 C
TOTAL	100.00	PUNTO DE CONGELACION	0C
		FLAMABLE	NO
COLOR	AZUL INTENSO	TOXICIDAD	LIGERAMENTE
PESO ESPECIFICO	1.19	SEDIMENTACION	NULA

APLICACIÓN

APLICACIÓN DE PROTECCION :			
AGUA CLARA	COBRE QUELATADO 6 %	AGUA CONTAMINADA	COBRE QUELATADO 6 %
VOLUMEN , LTS	LITROS	VOLUMEN , LTS	LITROS
100,000	0.20	100,000	2.00
1,000,000	2.00	1,000,000	4.00

MEMORIA DE CÁLCULOS BASE 1,000 KG (1 TON)

PRODUCTO : COBRE 6%	PESO ESPECIFICO = 1.20	ESTADO FISICO : LIQUIDO
ANALISIS: 6 Cu+14 FK	pH = DETERMINAR	COLOR : CAFE

MATERIAS PRIMAS	CANTIDAD DE NUTRIENTES									
	N	P2O5	K2O	S	MgO	Fe	Cu	KG	$/ KG	$ TOTAL
SULFATO DE COBRE 25 Cu							60	240		
ÁCIDO CÍTRICO								29		
ACIDO FULVICO 5 %								140		
AGUA DE PROCESO								591		
TOTAL								1000		

INSTRUCTIVO DE OPERACIÓN

MATERIAS PRIMAS REQUERIDAS:
• AGUA DE PROCESO
• ÁCIDO CÍTRICO
• SULFATO DE COBRE SOLUBLE
• ÁCIDO FÚLVICO 5 % SUSPENSIÓN

EQUIPOS REQUERIDOS:
• REACTOR ACERO INOXIDABLE (PREFERENCIA)
• AGITADOR

ORDEN DE ADICIÓN:
1. AGUA DE PROCESO
2. ÁCIDO CÍTRICO
3. SULFATO DE COBRE SOLUBLE
4. ÁCIDO FÚLVICO

EQUIPO DE SEGURIDAD REQUERIDO:
• GOGGLES O LENTES DE SEGURIDAD
• GUANTES DE NEOPRENO
• PETO O BATA
• ZAPATOS DE SEGURIDAD.

AGROFERNET ZMAGFE
4Fe+5MgO+1Zn

GENERALIDADES

AGROFERNET, fertilizante quelatado y enriquecido con ácidos fúlvicos; por su composición es posible cubrir parte de la demanda de fierro, magnesio, y zinc de una gran diversidad de cultivos.

COMPOSICIÓN

AGROFERNET ZMAGFE	
ANALISIS	% PESO
FIERRO, Fe	4.00
MAGNESIO, MgO	5.00
ZINC, Zn	1.00

APLICACIÓN

Siempre calibre el equipo de aplicación.

AGROFERNET debe agitarse muy bien antes de usarse y puede ser mezclado con otros agroquímicos para su aplicación, ya que es compatible con la mayoría de los productos de acción ácida a neutra.

Fitotoxicidad:

AGROFERNET, en los cultivos y a las dosis aquí recomendadas, no ha presentado fitotoxicidad.

ING. FERNANDO ALCÁZAR HERNÁNDEZ

AGUACATE , CITRICOS, DURAZNO, CIRUELA, MANZANO, MANGO, VID	400-500 ml. / 100LTS. AGUA POR APLICACIONJ	- INICIO FORMACION DE NUEVOS BROTES - ANTES DE LA FLORACION - INICIO FORMACION DE FRUTO
CALABAZA. TOMATE, CHULE PEPINO Y MELON	1.5-3 LTS. / HA. POR APLICACION	DE 2 A 3 APLICACIONES DURANTE LAS EPOCAS CRITICAS DEL CULTIVO
SOYA, PAPA, FRIJOL Y ALGODON	1.5-3 LTS. / HA. POR APLICACION	DE 2 A 3 APLICACIONES DURANTE LAS EPOCAS CRITICAS DEL CULTIVO

MEMORIA DE CÁLCULOS BASE 1,000 KG (1 TON)

PRODUCTO : AGROFERNETZMAGFE	PESO ESPECIFICO = 1.20	ESTADO FISICO : LIQUIDO
ANALISIS: : 4Fe+5MgO+1Zn	pH = DETERMINAR	COLOR : CAFE

MATERIAS PRIMAS	CANTIDAD DE NUTRIENTES									
	N	P2O5	K2O	S	MgO	Fe	Zn	KG	$/ KG	$ TOTAL
SULFATO FERROSO 19 Fe						40		210		
SULFATO MAGNESIO 16MgO					50			312		
SULFATO DE ZINC 34Zn							10	29		
ACIDO FULVICO 5 %								140		
AGUA DE PROCESO								309		
TOTAL								1000		

INSTRUCTIVO DE OPERACIÓN

MATERIAS PRIMAS REQUERIDAS:

• AGUA DE PROCESO

• ÁCIDO CÍTRICO

• SULFATO DE MAGNESIO HEPTAHIDRATADO

• SULFATO FERROSO SOLUBLE

• SULFATO DE ZINC

• ÁCIDO FÚLVICO 5 % SUSPENSIÓN

ING. FERNANDO ALCÁZAR HERNÁNDEZ

EQUIPOS REQUERIDOS:

• REACTOR ACERO INOXIDABLE (PREFERENCIA)

• AGITADOR

ORDEN DE ADICIÓN:

1. AGUA DE PROCESO

2. ÁCIDO CÍTRICO

3. SULFATO DE MAGNESIO HEPTAHIDRATADO

4. SULFATO FERROSO SOLUBLE

5. SULFATO DE ZINC

6. ÁCIDO FÚLVICO 5 % SUSPENSIÓN

EQUIPO DE SEGURIDAD REQUERIDO:

• GOGGLES O LENTES DE SEGURIDAD

• GUANTES DE NEOPRENO

• PETO O BATA

• ZAPATOS DE SEGURIDAD.

AGROFERNET Zn 9 %

GENERALIDADES

AGROFERNET ZINC 9 % (LÍQUIDO QUELATADO). Como consecuencia de la escasa movilidad del zinc en el suelo, en ocasiones resulta difícil hacerlo llegar a los horizontes más profundos, donde se encuentran las raíces de los cultivos leñosos o de herbáceos de enraizamiento profundo, especialmente en suelos calcáreos.

Las deficiencias en zinc se traducen en la inhibición de la actividad de los tejidos meristemáticos y de la yema apical.

Por esta razón, la aplicación foliar del zinc quelatado puede resultar muy beneficiosa, gracias a la rapidez de acción de este tipo de moléculas. Además, va a permitir utilizar dosis menores, lo que va a evitar problemas de fitotoxicidad al cultivo.

COMPOSICIÓN

ANALISIS GARANTIZADO	
ZINC, Zn	9.00 % PESO

APLICACIÓN

Puede usarse en todo tipo de cultivos herbáceos o leñosos (excepto ciruelo). La aplicación puede ser foliar o directamente al suelo. En cultivos extensivos, pueden hacerse aplicaciones aéreas. Almacenar a temperaturas de más de 0 grados c. Se diluirá, como mínimo, 1 parte del producto en 20 partes de agua.

ING. FERNANDO ALCÁZAR HERNÁNDEZ

Pulverización foliar

Dosis de 500-800 ml/200 l agua. Realizar 2-3 aplicaciones con intervalo de 2-3 semanas en función de la intensidad de la carencia.

Cereales: Aplicar cuando las plantas tengan entre 25-30 cm de altura.

AGROFERNET ZINC 9 % (LÍQUIDO Q U E L A T A D O)
legumbres y hortalizas: aplicar a partir de 5-6 hojas, haciendo de 2 a 3 aplicaciones durante el ciclo en la floración.

MEMORIA DE CÁLCULOS BASE 1,000 KG (1 TON)

PRODUCTO : AGROFERNET 9 Zn	PESO ESPECIFICO = 1.20	ESTADO FISICO : LIQUIDO
ANALISIS: 0-0-0+9Zn	pH = DETERMINAR	COLOR :

MATERIAS PRIMAS	N	P2O5	K2O	S	MgO	Zn		KG	$/ KG	$ TOTAL
						CANTIDAD DE NUTRIENTES				
SULFATO DE ZINC 34 % Zn						90		265		
ACIDO CITRICO								32		
ACIDO FULVICO 5 %								140		
AGUA DE PROCESO								563		
TOTAL								1000		

INSTRUCTIVO DE OPERACIÓN

MATERIAS PRIMAS REQUERIDAS:
• AGUA DE PROCESO
• ÁCIDO CÍTRICO
• SULFATO DE ZINC SOLUBLE

EQUIPOS REQUERIDOS:

• REACTOR ACERO INOXIDABLE (PREFERENCIA)

• AGITADOR

ORDEN DE ADICIÓN:

1. AGUA DE PROCESO

2. ÁCIDO CÍTRICO

3. SULFATO DE ZINC

4. ÁCIDO FÚLVICO

EQUIPO DE SEGURIDAD REQUERIDO:

• GOGGLES O LENTES DE SEGURIDAD

• GUANTES DE NEOPRENO

• PETO O BATA

• ZAPATOS DE SEGURIDAD.

ING. FERNANDO ALCÁZAR HERNÁNDEZ

AGROFERNET-CUZINMAN 5Cu+3Zn+0.5Mn

GENERALIDADES

AGROFERNET-CUZINMAN, fertilizante quelatado y enriquecido con ácidos húmicos; por su composición es posible cubrir parte de la demanda de cobre, zinc y manganeso de una gran diversidad de cultivos.

AGROFERNET-CUZINMAN es un fertilizante hidrosoluble de uso foliar y/o fertirriego, que contiene micronutrientes de elevada eficiencia de asimilación en una relación balanceada. Los micronutrientes como el cobre, zinc y manganeso, contenidos en su formulación, se encuentran totalmente quelatados.

Los micronutrientes juegan un papel fundamental en la nutrición vegetal de cultivos intensivos y extensivos, ya que intervienen en numerosos procesos fisiológicos, destacándose entre otros: metabolismo del nitrógeno, absorción y transporte del fósforo y magnesio, síntesis de clorofila y procesos fotosintéticos, síntesis de ácidos y proteínas, formación de aminoácidos, vitaminas y azúcares, entre otros. Por lo tanto, la prevención y/o corrección de dichas carencias es fundamental en fases de crecimiento intensivo de hojas, bulbos, flores y/o frutos en cultivos de altos niveles de producción y calidad. En las diferentes fases de crecimiento y desarrollo de un cultivo se pueden producir deficiencias de oligo y microelementos que no presentan necesariamente síntomas visuales, pero producen mermas significativas en el rendimiento y/o la calidad de la cosecha.

APLICACIÓN

Siempre calibre el equipo de aplicación

AGROFERNET-CUZINMAN debe agitarse muy bien antes de usarse y puede ser mezclado con otros agroquímicos para su aplicación, ya que es compatible con la mayoría de los productos de acción ácida a neutra.

Fito toxicidad:

AGROFERNET-CUZINMAN, en los cultivos y a las dosis aquí recomendadas, no ha presentado fito toxicidad.

AGUACATE , CITRICOS, DURAZNO, CIRUELA, MANZANO, MANGO, VID	400-500 ml. / 100LTS. AGUA POR APLICACIONJ	- INICIO FORMACION DE NUEVOS BROTES - ANTES DE LA FLORACION - INICIO FORMACION DE FRUTO
CALABAZA. TOMATE, CHILE PEPINO Y MELON	1.5-3 LTS. / HA. POR APLICACION	DE 2 A 3 APLICACIONES DURANTE LAS EPOCAS CRITICAS DEL CULTIVO
SOYA, PAPA, FRIJOL Y ALGODON	1.5-3 LTS. / HA. POR APLICACION	DE 2 A 3 APLICACIONES DURANTE LAS EPOCAS CRITICAS DEL CULTIVO

MEMORIA DE CÁLCULOS BASE 1,000 KG (1 TON)

PRODUCTO : AGROFERNET-CUZINMAN	PESO ESPECIFICO = 1.22	ESTADO FISICO : LIQUIDO
ANALISIS: 5Cu+3Zn+0.5Mn+14 FK	pH = DETERMINAR	COLOR : CAFE

MATERIAS PRIMAS	CANTIDAD DE NUTRIENTES									
	N	P2O5	K2O	S	Cu	Zn	Mn	KG	$/ KG	$ TOTAL
SULFATO DE COBRE 25 Cu					50			200		
SULFATO DE ZINC 34Zn						30		88		
SULFATO DE MANGANESO 34Mn							5	15		
ACIDO CITRICO								36		
ACIDO FULVICO								140		
AGUA DE PROCESO								521		
TOTAL								1000		

ING. FERNANDO ALCÁZAR HERNÁNDEZ

INSTRUCTIVO DE OPERACIÓN

MATERIAS PRIMAS REQUERIDAS:

• AGUA DE PROCESO
• ÁCIDO CÍTRICO
• SULFATO DE MAGNESIO HEPTAHIDRATADO
• SULFATO FERROSO SOLUBLE
• ÁCIDO FÚLVICO 5 % SUSPENSIÓN

EQUIPOS REQUERIDOS:
• REACTOR ACERO INOXIDABLE (PREFERENCIA)
• AGITADOR

ORDEN DE ADICIÓN:
1. AGUA DE PROCESO
2. ÁCIDO CÍTRICO
3. SULFATO DE MAGNESIO HEPTAHIDRATADO
4. SULFATO FERROSO SOLUBLE
5. ÁCIDO FÚLVICO

EQUIPO DE SEGURIDAD REQUERIDO:

• GOGGLES O LENTES DE SEGURIDAD
• GUANTES DE NEOPRENO
• PETO O BATA
• ZAPATOS DE SEGURIDAD.

Índice

ING. FERNANDO ALCÁZAR HERNÁNDEZ

B - FERTILIZANTES FOLIARES CON ÁCIDOS FÚLVICOS

C - FOLIARES QUELATADOS

Made in the USA
Coppell, TX
04 September 2025

54263375R00057